"十二五"普通高等教育规划教材

U0376618

仪器分析实验

Instrumental Analysis Experiment

主编 ◎ 王学东 吴 红

山东人民出版社

全国百佳图书出版单位 国家一级出版社

编写委员会名单

主　编　王学东　吴　红

副主编　阎　芳　刘　坤　解永岩

编　者　（以姓氏笔画为序）

王学东	潍坊医学院	王晓岚	潍坊医学院
邓树娥	潍坊医学院	石玮玮	潍坊医学院
边玮玮	潍坊医学院	刘　坤	青岛大学
杨铁虹	第四军医大学	李　慧	潍坊医学院
吴　红	第四军医大学	何　丹	重庆医科大学
张　毅	天津医科大学	陈向明	滨州医学院
段　煜	潍坊医学院	阎　芳	潍坊医学院
程远征	潍坊医学院	谢宝平	南方医科大学
解永岩	安徽医科大学	潘芊秀	潍坊医学院

前 言

为贯彻落实《国家中长期教育改革和发展计划纲要》,深化实践教学改革,着力培养学生的科学素养和实践能力,根据普通高等院校药学、中药学、检验、预防医学等专业的培养目标和教学大纲要求,在长期教学实践的基础上我们组织编写了这本《仪器分析实验》教材。该教材主要适用于普通高等院校本科药学、生物技术、检验、食品安全、预防医学、中药学等专业的仪器分析、卫生化学的实验教学,也可作为化学、化工、环境科学等专业的教材选用。

《仪器分析实验》全书主要包括四部分内容,共 38 个实验。第一部分是仪器分析实验基础知识,简单介绍了仪器分析实验基本要求、数据记录与处理、样品前处理技术、气体钢瓶的使用等必备知识。第二部分是验证性实验,主要设置了各种分析仪器基本实验,以学习掌握仪器的基本操作和分析方法为主要教学目的。涵盖了电分析、光分析、色谱分析、波谱分析以及毛细管电泳和 X 衍射等实验内容。第三部分是综合性实验。为引导学生将所学实验技术和相关知识进行综合应用,培养学生的实践能力和创新思维,设置了一定数量的综合性实验。第四部分为设计性实验,该类实验要求学生在教师的指导下,利用所学知识独立设计实验方案,完成实验内容,并按要求撰写实验报告,对学生素质要求较高。各校可根据各专业培养目标和教学大纲选用。

本书突出了以下特点:① 内容简练,形式多样。全书精选了 38 个实验,涵盖了主要分析仪器和分析方法,既有简单的验证性实验,又有复杂的综合性和设计性实验,符合教学改革要求和认知规律。在编写上,避免了重复介绍理论课上已经学习过的仪器工作原理,直接介绍与本实验有关的方法,减少了教材篇幅。② 操作性和实用性强。为方便教学,每个实验后面均给出了所用仪器的详细使用方法,并附上了仪器实体图,考虑到各校所用仪器的区别,提供了更多型号的仪器使用说明,最大限度地方便用书单位开展教学,可有效避免教材与实际应用仪器不同带来的不便。每个实验均详细列出了实验所用器材和试剂,便于实验的准备和材料药品的统计。③ 专业性与实用性并重。在实验项目上精选了与药学、食品、检验、预防等专业联系密切的实验内容,有助于激发学生的学习兴趣,提高学习效果。

该书由潍坊医学院和第四军医大学联合其他高校共同编写而成。其中,潍坊医学院编写了第一章和实验1~4、7、10~12、16、17、21~24、30、33、35、36、38,附录1~4、6;第四军医大学编写了实验8、13、14、29和31;青岛大学编写了实验9和实验32;南方医科大学编写了实验18、28和附录5;天津医科大学编写了实验19、20和25;重庆医科大学编写了实验5、27和37;第一章的第五项、实验26和实验6、15、34分别由安徽医科大学和滨州医学院的老师编写。全书由王学东、吴红、阎芳、刘坤、解永岩统编定稿。衷心感谢全体编委的努力,感谢在编写过程中给予支持的老师,感谢潍坊医学院和山东人民出版社的大力支持。

本书在编写过程中参考了兄弟院校编写的有关教材,在此向编者深表谢意。限于编者水平,书中错误、遗漏、不妥之处在所难免,恳请读者提出宝贵意见。

编　者

2014 年 12 月

目 录

1

第一章
仪器分析实验基础知识

一、仪器分析实验目的和基本要求

仪器分析实验是一门操作技术复杂的实践性、应用性很强的实验课程,实验操作是其中重要的内容。仪器分析实验的目的是通过规范的基本操作训练、实验方案设计、实验数据的记录与处理、谱图解析、实验结果的表述及问题分析,使学生掌握常用仪器的结构、工作原理和仪器性能,掌握仪器分析方法和操作技能,了解各种常见仪器分析技术在科学研究和生产实践中的应用,培养学生理论联系实际、分析问题和解决问题的能力,培养学生实事求是的科学态度、严谨细致的工作作风,提高学生的科学素养和创新能力。为此,要求学生必须做到以下几点:

1. 学生在实验前必须预习实验内容,写好预习报告。应认真阅读实验教材及有关的理论知识,熟悉实验目的,理解实验原理,并对实验所用仪器的原理、性能、使用方法、注意事项等进行预习,按规定的预习报告格式写出完整的预习报告。

2. 进入实验室后,要严格遵守实验室规则,应先核对仪器的规格和型号,核对试剂等。使用时应小心谨慎,爱护仪器设备,避免损坏。

3. 实验过程中要严格按照操作规程规范操作,认真记录实验条件和分析测试的原始数据和实验现象,对于可疑的现象和数据不得随意删改,应认真查找原因,并重新进行测试。

4. 实验结束后,应按要求填写好仪器使用记录,整理好所用仪器及试剂,写好实验报告交给老师批阅。

二、实验室规则

为了保证实验的顺利进行,维护仪器使之能正常使用,保持实验室整洁等,学生在进行实验时必须遵守下列事项:

1. 学生应该在实验前做好预习及各项准备工作。要认真阅读实验内容,明确实验目的、要求、注意事项、实验方法和步骤等。

2. 实验时应严格按照仪器操作规程和使用说明进行操作,不能随意更改仪器参数和试剂用量等,以免影响实验效果和造成浪费。未经教师许可,不得改变实验方法或做指定内容以外的实验。

3. 在实验室中要保持安静。进行实验时应集中注意力,认真操作,细心观察,认真记录,避免不必要的谈话和走动,不得擅自离开实验室。

4. 禁止在实验室抽烟、喝水、吃东西,禁止玩手机等与实验无关的电子设备,禁止玩笑打闹。

5. 进行实验时要做到整洁有序,废纸等物应放入垃圾桶中,绝不能丢入水槽或下水道,以免造成堵塞,也不要随意乱丢。有机溶剂、有毒有害等废物应严格按环保部门规定处理,倒入指定回收瓶或废液缸中集中处理,不得随意乱倒。公用仪器及药品用后应放回原处。

6. 爱护国家财产,未经教师或实验室管理人员许可,不得随意使用实验室的仪器设备。凡使用贵重、大型精密仪器及压力容器或电器设备,使用人员必须遵守操作规程,因不听指导或违反操作规程导致仪器设备损坏,要追究当事人责任,并按有关规定给以必要的处罚。

7. 实验室内的仪器、药品、样品和其他设备未经许可,不准带出实验室。

8. 同学轮流做值日生。值日生的职责是整理仪器,打扫实验室,检查水、电、气,关好门窗等。

三、数据记录与处理

实验记录是培养学生科学素养的重要途径。客观正确地记录测量的各种实验数据,科学地处理数据并报告实验结果,是仪器分析实验课程的重要任务之一。

(一) 实验数据的记录

学生应认真按要求进行实验,实事求是地记录实验现象和实验数据,并根据所用仪器的精度正确记录有效数字的位数,不能随意增减有效数字,更不能根据理论预测随意修改所得结果。

实验过程中的每一个数据都是测量结果,重复测量时,即使数据完全相同,也应认真记录,不能随意舍弃。

记录数据时,可根据情况,采用表格形式记录,这样可使数据分类清楚,格式一致,便于分析总结。

实验记录应整洁,文字、数据书写工整清楚,发现记录错误需要改动时,应用双斜线划去,并在其上方书写正确的数字。

（二）数据处理

实验数据的处理是将测量的数据经科学的数学运算,推断出某量值的真值或导出某些具有规律性结论的过程。通常包括实验数据的表达、数据的统计学处理和结果表达。

1. 实验数据的表达　可用列表法、图示法和数学公式表达法显示实验数据间的相互关系、变化趋势等相关信息,清楚地反映出各变量之间的定量关系,以便进一步分析实验现象,得出规律性结论。

（1）列表法　是将有关数据及计算按一定的形式列成表格,记录数据应符合有效数字的规则,具有简单明了、便于总结比较的特点,是最常使用的方法。

（2）图解法　是将实验数据各变量之间的变化规律绘制成图,简明、直观地表达实验数据间的变化规律,便于分析研究。在许多测量仪器中使用记录仪获得测量图形,利用图形可以直接或间接获得分析结果。图解法主要用于:利用变量间的定量关系图形直接求得未知量;通过曲线外推法求值;求函数的极值或转折点;图解微分法和图解积分法。

（3）数学公式表达法　该法是将实验数据处理成数学表达式,用公式表达自变量和因变量之间的关系,应用较多的是一级线性方程。

2. 数据的统计学处理　主要涉及的有可疑值的取舍、平均值、标准偏差和相对标准偏差等。一般是以列表的形式与其他数据在表格中表示出来。

3. 结果的表达　对数据处理结果,根据测量仪器的精度和计算过程的误差传递规律,正确表达分析结果,正确保留有效数字,必要时还要表达置信区间。

四、实验报告的书写要求和成绩评定

（一）实验报告的书写要求

实验完成后,应根据要求和实验中的现象与数据记录等,及时认真地写出实验报告。

实验报告的书写应字迹清晰端正,内容条理完整。下面概括介绍一般实验报告的书写内容和格式,实验报告一般包括以下内容:

1. 实验环境条件包括日期、室温等

2. 实验名称

3. 实验目的

4. 实验原理

5. 仪器和试剂

6. 操作步骤

7. 数据与处理　应用文字、图表将数据及处理结果表示出来,根据具体实验情况写出计算公式等。

8. 结果分析　对实验现象、实验结果、产生的误差等结合理论知识进行讨论分析,以提高分析问题和解决问题的能力。

9. 实验注意事项

(二)实验成绩评定

仪器分析实验成绩应包括实验预习、实验技能、数据记录、实验结果、实验报告等方面。科学地评价学生的实验成绩可提高学生实验的积极性,激发学生的学习热情。通过实验成绩评定,规范学生在实验室的行为,促进学生积极动手、规范操作、主动思考、爱护仪器等良好习惯的养成,培养学生的科学素养,提高学生的实践能力。

五、分析实验用水的规格和制备

水是分析实验室最常用的溶剂和清洗剂,由于自来水中含有诸多杂质,分析实验室多数用水必须要经过纯化才能使用。由于分析的要求不同,对用水的要求也不同,所以分析实验用水可以分为几个不同规格,制备的方法也不同。

(一)实验室用水的规格

实验室用水目视观察应为无色透明的液体,根据国标《GB/T6682－2008》,分析实验室用水可分为一级、二级和三级三个规格,其相应的要求见表1-1。

表1-1　分析实验室用水要求

项目	一级	二级	三级
pH 范围(25℃)	—	—	5.0~7.5
电导率(25℃)(mS/m)≤	0.01	0.10	0.50
可氧化物质含量(以 O 计)/(mg/L)≤	—	0.08	0.4
吸光度 A(254nm,1cm 光程)≤	0.001	0.01	
蒸发残渣(105±2℃)/(mg/L)≤	—	1.0	2.0
可溶性硅(以 SiO_2 计,mg/L)≤	0.01	0.02	

注1:由于在一级、二级水纯度下,难以测定其真实 pH 值,因此对一级水、二级水的 pH 范围不做规定。

注2:由于在一级水纯度下,难以测定可氧化物和蒸发残渣,对其限量不做规定,可用其他条件和制备方法来保证一级水的质量。

一级水用于要求严格的分析试验,包括对颗粒有要求的试验,如高效液相色谱分析用水。一级水可用二级水经过石英设备蒸馏或离子交换混合柱处理后,再经 0.2 μm 微孔滤膜来制取。

二级水用于无机痕量分析等试验,如原子吸收光谱分析用水。二级水可用多次蒸馏或离子交换等方法制取。

三级水用于一般化学分析试验。三级水可用蒸馏或离子交换等方法制取。

现在实验室更多的是通过商品化的纯水机来制取高纯度的水,省去了蒸馏所需的能耗和离子交换所需的设备处理,此法在实验室的应用越来越普及。

各级用水均使用密闭的专用聚乙烯容器保存,因玻璃中含有一些金属离子,所以除三级水外,通常不保存在玻璃容器内。一级水不可贮存,使用前制备。

各级用水贮存期间,污染的主要来源是容器溶解物、空气中的二氧化碳及其他杂质。实验室一般用聚乙烯塑料洗瓶来装贮少量纯净水,最常见的使用错误就是把里面的出水弯管取出随意放置及把不洁净的器具深入洗瓶瓶口内而导致污染。

(二) 水纯度的检查

按照国标《GB/T6682-2008》,规定的检查水纯度的方法比较复杂,其中测电导率的方法简便、快速、准确,所以现在实验室一般采用此法检查。检查结果常以电导率或电阻率来表示。如国标一级水、二级水、三级水对应的电阻率分别为 $\geq 10\ M\Omega \cdot cm \geq 1\ M\Omega \cdot cm \geq 0.2\ M\Omega \cdot cm$。

测定方法:测定一、二级水使用电极常数为 $0.01\ cm^{-1} \sim 0.1\ cm^{-1}$ 的电极,测定三级水使用电极常数为 $0.1\ cm^{-1} \sim 1\ cm^{-1}$ 的电极,电导仪应具有温度自动补偿功能。测定一、二级水时,将电导池装在水处理装置出水口处测量。测定三级水,可取 400 mL 水样于锥形瓶中,插入电导池后即可测量。

(三) 纯水的制备

1. 蒸馏水 将自来水蒸发,冷凝蒸汽即可获得蒸馏水,由于大多数无机离子不挥发,所以蒸馏水中所含离子比较少,基本可达纯水级别,但由于很难排除 CO_2 及其他挥发性物质(如 NH_3 等),所以只能达三级水标准。若将蒸馏水再次蒸馏,所得水称为二次蒸馏水或重蒸水,纯度会进一步提高,此种方法在没有其他更好设备的实验室中可以采用。蒸馏水的制取比较简单,但需消耗较多的能源,所以现在实验室中应用已越来越少,逐渐被其他制取方法所替代。

2. 去离子水 去离子水是使自来水或蒸馏水通过离子交换树脂,去除原水中的绝大部分电解质而制得的水。制备时,一般将水依次通过阳离子树脂交换柱、阴离子树脂交换柱、阴阳离子树脂混合交换柱,这样得到的水纯度可达二级甚至一级水的标准。但此法对非电解质及胶体物质无效,树脂中也会有微量有机物溶出,所以可通过加强对树脂的质量控制和预处理,及将去离子水进行蒸馏,来获得高纯水。

3. 超纯水 超纯水并不是另外的纯水标准,它是指质量超过一级水最低标准的高纯水,一般由纯水机来制取。目前纯水机采用的技术有 EDI(电去离子)技术、RO(反向渗透)技术、电渗析技术、离子交换技术等,超纯水的电阻率可达 $18.2\ M\Omega \cdot cm$ 以上。此法制得的水不仅电解质含量低,且病毒、细菌、胶体物质等都可有效除去,加上自动化控制,使得制取高纯水变得越来越方便,此法已经在分析实验室得到越来越多的应用。

(四) 特殊需求用水的制备

1. 无氨水 向水中加入几滴浓硫酸,使得 pH<2,蒸馏即得无氨水。

2. 无二氧化碳水　将蒸馏水煮沸 10 分钟,或煮去原体积 1/5,加盖放冷即可制得无二氧化碳水。

3. 无氯水　在自来水中加入亚硫酸钠,将氯还原为氯离子,用带有缓冲球的全玻蒸馏器进行蒸馏即得无氯水。

六、样品的采集与保存

任何分析工作都不可能对全部待分析对象进行测定,一般是通过对全部样品中一部分有代表性样品的分析测定,来推断被分析对象总体的性质。分析对象的全体称为总体,它是一类属性完全相同的物质。构成总体的每一个单位称为个体。从总体中抽出部分个体,作为总体的代表进行分析,这部分个体的集合体称为样品。从总体中抽取样品的操作过程称为采样。

(一) 样品采集的原则

采集样品的原则可概括为代表性、典型性和适时性。

1. 代表性　采集的样品必须能充分代表被分析总体的性质。如仓库中粮食样品的采集,需按不同方向、不同高度采集,即按三层(上、中、下)五点(四周及中心)法分别采集,将其混合均匀后再按四分法进行缩分,得到分析所需的样品。植物油、鲜乳、酱油、饮料等液体样品,应充分混匀后再进行采集。

2. 典型性　对有些样品的采集,应根据检测目的,采集能充分说明此目的的典型样品。例如对掺假食品的检测,应仔细挑选可疑部分作为样品,而不能随机采样。

3. 适时性　某些样品的采集要有严格的时间概念。如发生食物中毒时,应立即赴现场采集引起中毒的可疑样品。污染源的监测,应根据检测目的,选择不同时间采集样品。

样品采集时要避免样品的污染和被测组分的损失,因此要选择合适的采样器具和采样方法。采样时要详细记录采样时间、地点、位置、温度和气压等。采样量应能满足检测项目对样品量的需要,至少采集两份样品,一份作为分析样品,一份作为保存样品,以备复检或仲裁之用。

(二) 各类样品的采集方法

样品的采集方法与样品的种类、分析项目、被测组分浓度等因素有关。以下对不同样品的采集方法进行简介。

1. 空气　在进行大气监测、作业场所空气中有害成分检测、室内空气和公共场所空气质量监测时,需要采集空气样品。由于空气污染物的种类及来源不同,它们的物理化学性质及在空气中的存在状态也不同,有的(苯甲醛、丙烯醛等)以气态或蒸气状态逸散在空气中,有的(烟、雾、悬浮颗粒物)以微滴或固体小颗粒分散在空气中呈气溶胶状态。

采样时应根据检测目的和检测项目选择合适的采样点、采样时间、采样频率和采样方法，并预先计算采样量。采样方法应根据被测物在空气中的存在状态和浓度以及检测方法的灵敏度来选择。空气样品的采样方法一般分为直接采集和浓缩采集两大类。

（1）直接采集法　也称集气法，适用于空气中被测组分含量较高或分析方法较灵敏的情况。采样容器主要有玻璃采样瓶、不锈钢采样瓶、气密性玻璃注射器、聚酯袋、聚四氟乙烯袋等。通过预先抽真空的方法进行现场样品采集，或通过采样泵将气体样品直接引进到容器内。

集气法采集的样品反映的是采样区域被测组分的瞬间浓度。

（2）浓缩采集法　也称富集法，当空气中被测组分浓度较低或所用分析方法灵敏度较低，不能直接测定其含量时，可选用此方法采样。浓缩采集法又可分为溶液吸收法、固体吸附剂阻留法、滤纸滤膜阻留法和冷阱收集法。

① 溶液吸收法：主要用于气态、蒸气态物质的采集。空气通过装有吸收液的吸收管时，被测组分由于溶解作用或化学反应进入吸收液中，达到浓缩的目的。吸收液应对被测组分有较大的溶解度，或与其发生化学反应的速度快，吸收效率高，并且对后续分析无干扰。常用的吸收液有水、水溶液及有机溶剂。

② 固体吸附剂阻留法：主要用于气态和蒸气态物质的采集。空气通过装有固体吸附剂的吸收管时，被测组分被固体吸附剂吸附，然后用适宜的溶剂洗脱或通过加热解吸的方法将其分离出来，达到分离富集的目的。常用的吸附剂有硅胶、活性炭、分子筛等。如空气中苯系物、多环芳烃的测定，常使用活性炭吸附剂采集样品，再用 CS_2 解吸后进行分析。

③ 滤纸滤膜阻留法：主要用于采集不易或不能被液体吸收的尘粒状气溶胶，如烟、悬浮颗粒物等。空气通过滤纸或滤膜时，被测成分被阻留在膜上，达到浓缩的目的。常用的材料有定量滤纸、超细玻璃纤维和有机化学纤维滤膜。如测定空气中锰及其氧化物时，用玻璃纤维滤纸阻留，然后用磷酸溶解后进行分析。

④ 冷阱收集法：也称低温浓缩法，将一个 U 型管浸入液氮（−196℃）中，通过便携采样泵将空气样品收集到冷阱中，选择性地浓缩空气中的某些组分，然后在 40℃～70℃解吸后进行分析。如空气中挥发性有机硫化物的分析可采用这种采集方法。

浓缩采集法采集的样品代表采样期间被测组分在空气中的平均浓度。

（3）采样装置　气体采样装置一般由收集器、流量计和采样动力装置三部分组成。

① 收集器：气体样品的收集器有直接收集型和浓缩富集型两类。前者包括注射器、气体采样瓶、塑料袋等，后者包括吸收式、吸附式和冷凝式收集器。

② 流量计：用来计量所通过的气体流量，由采样时间和采气流量可计算出采气量。常用的流量计有皂膜流量计、转子流量计、孔口流量计和湿式流量计。

③ 采样动力装置：采样动力装置有手动型和电动型两类，常用的采样动力装置有连续式手抽气筒、注射器、水抽气瓶、真空泵、吸尘器、电磁泵等。

2. 水　水样分为天然水、生活饮用水、生活污水和工业废水等。根据检测目的、水样的来源、检测项目的不同,采样的方法、频率、采样量等也不相同。有的检测项目要求现场或立即测定,如 pH、余氯等的测定;有的项目允许样品存放一定时间,但应采取适当的保存措施。

常用的采样容器有水桶、单层采水瓶、深层采水器、急流采水器、采水泵等。其选择取决于水体情况。存放水样的容器常用聚乙烯瓶或桶、硬质玻璃瓶、不锈钢瓶,根据检测项目来选择。采样量主要视检测项目多少及检测目的而定,一般为 2 L~3 L。

3. 食品　食品的检测项目主要有食品的营养成分、功效成分、鲜度、添加剂及污染物等。可按随机抽样、系统抽样和指定代表性样品的方法采样。随机抽样时,总体中每份样品被抽取的几率都相同,如检验食品的合格率,分析食品中某种营养素的含量是否符合国家卫生标准。系统抽样适用于样品随空间、时间变化规律已知的样品采样,如分析生产流程对食品营养成分的破坏或污染情况。指定代表性样品适用于掺伪食品、变质食品的检验,应选取可疑部分采样。

液体、半液体样品如植物油、鲜奶、酒、饮料等,应充分混匀后用虹吸管或长形玻璃管采样。颗粒状样品如粮食、糖等,用双套回转取样管,从每批食品的上、中、下三层不同部位分别采集,混合后反复按四分法缩分采样。不均匀食品应根据检测目的取其有代表性的部分,制成匀浆后采样。有包装(袋、桶、箱等)的固体食品应按不同批号随机取样,然后再反复缩分。

4. 生物材料　生物材料指人或动物的体液、排泄物、分泌物及脏器等,包括血液、尿液、毛发、指甲、唾液、呼出气、组织和粪便等。

(1)血　包括全血、血浆和血清。可反映机体近期的情况,成分比较稳定,取样污染少,但取样量和取样次数受限制。可采集手指血、耳垂血(需血量较小时)或静脉血(需血量较大时)。根据被测物在血液中的分布,分别选取全血、血浆和血清进行分析。

血样采集后,应及时分离血浆或血清,并最好立即进行分析。若不能立即测定,应妥善保存样品。血浆或血清应置于聚四氟乙烯、聚乙烯或硬质玻璃管中密塞后保存。4℃下样品可短期保存,长期保存须在-20℃条件下冷冻保存。

(2)尿　由于大多数毒物及其代谢物经肾脏排出,同时尿液的收集也比较方便,所以尿液作为生物材料在临床和检验中应用较广。但尿液受饮食、运动和用药的影响较大,还容易带入干扰物质,所以测定结果需加以校正或综合分析。

尿液可根据检测目的采集 24 小时混合尿(全日尿)、晨尿及某一时间的一次尿。全日尿能代表一天的平均水平,结果比较稳定,但收集比较麻烦,容易污染。实践表明,晨尿和全日尿的许多项目测定结果间无显著差异,因此常用晨尿代替全日尿。采集容器为聚乙烯瓶或用硝酸溶液浸泡过的玻璃瓶。

采集的尿样应立即测定。若不能立即测,应加入防腐剂并置冰箱保存。常用的防腐剂为甲苯、二甲苯、氯仿、乙酸、浓盐酸等。

(3)毛发　毛发作为生物样品的优点很多,如毛发易于采集、便于长期保存;毛发是许多重金属元素的蓄积库,含量比较固定;头发每月生长 1 cm~1.5 cm,能反映机体在近期或过去不同阶段的物质吸收和代谢情况。但毛发易受外界环境影响,所以毛发样品的洗涤非常重要,既要洗掉外源性污染物,又要保证内源性被测成分不损失。

采样方法:若要测定机体近期情况,应取枕部距头皮 2 cm 左右的发段,取样量 1～2 克。

(4)唾液　采样方便,无损伤,可反复测定。唾液分为混合唾液和腮腺唾液,前者易采集,应用较多;后者需用专用取样器,样品成分稳定,不易污染。

(5)组织　组织主要包括尸检或手术时采集的肝、肾、肺等脏器。尸体组织最好死后24 小时～48 小时内取样,并要防止所用器械带来的污染。采集的样品应尽快分析,否则需将样品冷冻保存。

(三)样品的保存

采集的样品应尽快进行分析,对于不能及时分析的样品应妥善保存。由于物理、化学及微生物的作用,样品在存放过程中可能会发生变化,所以在样品存放时应力求被测组分不损失、不被污染。如应避免被测组分的挥发、容器及共存固体悬浮物的吸附,防止共存物之间发生化学反应,避免由微生物引起的样品分解等。应根据样品的性质、检测目的及分析方法,选择适当的样品保存方法。常用的保存方法有三种:

1. **密封保存法**　将采集的样品存放于干燥洁净的容器中,加盖封口或用石蜡封口,防止空气中的氧气、水、二氧化碳等对样品的作用以及挥发性成分的损失等。

2. **冷藏保存法**　对于易变质、含挥发性组分的样品,采样后应冷冻或冷藏保存。该方法特别适用于食物和生物样品的保存,因为低温可减缓样品中各组分的物理、化学变化,抑制酶的活性及细菌的生长和繁殖。

3. **化学保存法**　在采集的样品中加入一定量的酸、碱或其他化学试剂作为调节剂、抑制剂或防腐剂,用以调节溶液的酸度,防止发生水解、沉淀等化学反应,抑制微生物的生长等。如为了防止水样中重金属离子的水解、沉淀,常加入少量硝酸调节酸度;测定氰化物、挥发性酚时,常加入氢氧化钠使其生成盐;食物样品中常加入苯甲酸、三氯甲烷等防腐剂,防止样品腐败变质。

此外,样品的保存还应注意存放容器的选择、容器的清洗及存放时间。容器选择主要取决于样品性质和检测项目,材料应是惰性的,并对被测成分的吸附很小,容易清洗。如测定水样中微量金属离子时,选择聚乙烯或聚四氟乙烯塑料容器,可减小容器的吸附,避免玻璃容器中金属离子的溶出。测定有机污染物时选择玻璃容器为好。容器一般先用洗涤剂清洗,再分别用自来水和蒸馏水冲洗干净。测定微量和痕量元素时,先用硝酸溶液或盐酸溶液浸泡 12 h～24 h,再用去离子水清洗干净。测定有机物质时,除按一般方法洗涤外,还要用有机溶剂(如石油醚)彻底荡洗 2～3 次。样品存放的时间取决于样品性质、检测项目的要求和保存条件。

七、样品的前处理技术

大多数采集的样品不能直接进行测定,必须经过适当的前处理。样品的前处理应达到以下目的:① 使被测组分从复杂的样品中分离出来,制成便于测定的溶液形式;② 除去对分析测定有干扰的基体物质;③ 如果被测组分的浓度较低,还需要进行浓缩富集;④ 如果被测组分用选定的分析方法难以检测,还需要通过样品衍生化处理使其定量地转化成另一种易于检测的化合物。

进行样品前处理时要求:① 使用分解法处理样品时,分解必须完全,不能造成被测组分的损失,待测组分的回收率应足够高;② 样品不能被污染,不能引入待测组分和干扰测定的物质;③ 试剂的消耗应尽可能少,方法简单易行,速度快,对环境和人员无污染。

(一)样品溶液的制备

根据样品中被测组分的存在状态不同,选择溶解法或分解法来制备样品溶液。当样品中被测组分为游离状态时,采用溶解法制备样品溶液;当样品中被测组分为结合状态时,采用分解法制备样品溶液。

1. 溶解法　溶解法是采用适当的溶剂将样品中的待测组分全部溶解,适用于被测组分为游离状态的样品。根据所用溶剂的不同,又可分为以下几种方法:

(1) 水溶法　用水作为溶剂,适用于水溶性成分,如无机盐、易溶于水的有机物、水溶性色素等。

(2) 酸性水溶液浸出法　溶剂为各种酸的水溶液,依据被测组分的不同,选用不同浓度的酸。适用于在酸性水溶液中溶解度增大且稳定的组分,如食品包装材料中的金属元素常用稀乙酸或稀硝酸浸泡溶出。

(3) 碱性水溶液浸出法　溶剂为碱性水溶液,适用于在碱性水溶液中溶解度大且稳定的成分,如酚类的提取,使用碱性水溶液可使酚类化合物溶出并形成稳定的盐类。

(4) 有机溶剂浸出法　适用于易溶于有机溶剂的待测成分。常用的有机溶剂有乙醇、石油醚、氯仿、丙酮、正己烷等。根据"相似相溶"原理选择有机溶剂,如食品中的脂溶性维生素可用氯仿浸提;水果、蔬菜中残留的有机氯农药可用丙酮浸出后,再用石油醚提取;食品中的油脂可用乙醚浸提等。

2. 分解法　分解法分为全部分解法和部分分解法。全部分解法是将样品中所有有机物分解破坏成无机成分,所以又称为无机化前处理,适用于测定样品中的无机成分。全部分解法主要有干灰化法(dry digestion)和湿消化法(wet digestion)。部分分解法是使样品中的大分子有机物在酸、碱或酶作用下水解成简单的化合物,使待测成分释放出来,适用于测定样品中的有机成分。

(1) 干灰化法　包括高温灰化法和低温灰化法。高温灰化法是利用高温(450℃～

550℃)破坏样品中的有机物,使之分解呈气体逸出。具体方法是将样品置于坩埚中,先低温炭化,然后转移至高温炉(马弗炉)中进一步灰化,直到剩下白色或灰白色无机残渣,取出冷却后用水或酸溶解残渣。低温灰化法是利用高频等离子体技术,以纯 O_2 为氧化剂,在灰化过程中不断产生氧化性强的氧等离子体(由激发态氧分子、氧离子、氧原子、电子等混合组成),产生的氧等离子体在低温下破坏样品中的有机物。此方法所需灰化温度低,可大大降低待测组分的挥发损失;有机物分解速度快,样品处理效率高。干灰化法由于不需外加试剂,因而空白值低。

(2)湿消化法　在加热条件下,利用氧化性的强酸或氧化剂来分解样品。湿消化法使用的试剂称消化剂,常用的消化剂有硝酸、硫酸、高氯酸、高锰酸钾和过氧化氢等。该方法的优点是消化速度快、分解效果好、消化温度低、被测组分挥发损失少。但该方法在消化过程中使用大量强酸,产生大量酸雾、氮和硫的氧化物等强腐蚀性有害气体,所以必须有良好的通风设备;同时要求试剂的纯度较高,否则空白值较大。具体方法是将样品加入到三角烧瓶或比色管等玻璃容器中,加入适当消化剂,在电热板或电炉上加热,消化至溶液呈无色透明为止。为降低消化液对测定的影响,应将消化后的残余消化剂尽量除尽。为提高样品消化效果,大多采用混合消化剂。常用的消化试剂有:

① 硝酸－硫酸:硝酸的氧化能力强、沸点低,硫酸的沸点高且有氧化性和脱水性,二者混合后具有较强的消化能力,常用于生物样品和混浊污水的消化。该方法的消化时间较长,为 3 h～5 h,不适宜于能形成硫酸盐沉淀的样品。

② 硝酸－高氯酸或硝酸－过氧化氢:高氯酸和过氧化氢的氧化能力均较强,加之高氯酸沸点较高且有脱水能力,故这两种消化液能有效地破坏有机物,对许多元素的测定都适用。消化时间短,为 1 h～3 h,应用广泛。但高氯酸与羟基化合物可生成不稳定的高氯酸酯而发生爆炸。为了避免危险,消化时应先加入硝酸将羟基化合物氧化,冷却后再加入高氯酸继续消化。

③ 硝酸－硫酸－高氯酸:通常在样品中先加入硝酸和硫酸消化,待冷却后滴加高氯酸进一步消化,或将 3 种酸按一定比例配成混合酸加入样品中进行消化。消化时样品中的大部分有机物被硝酸分解除去,剩余的难分解有机物被高氯酸破坏。由于硫酸沸点高,消化过程中可保持反应瓶内不被蒸干,可有效地防止爆炸。此法特别适宜于有机物含量较高且难以消化的样品,但对含碱土金属、铅及部分稀土元素的样品不适宜。

(3)密封加压消化法　把样品加入聚四氟乙烯为衬里的密封罐中,加入适量消化剂,加盖密封,然后在烘箱中加热消化。密封加压消化的优点是试剂用量小、空白值低、快速,可防止挥发性元素的损失。

(4)微波溶样法　是将微波快速加热和密封加压消化相结合的一种新型而有效的分解样品技术。微波溶样设备主要由微波炉、密封聚四氟乙烯罐组成。样品中的极性分子和可极化分子在微波电磁场(一般为 2 450 MHz)中快速转向和定向排列,产生剧烈的振动、撕裂和相互摩擦,使样品分解。微波溶样法快速高效,一般 3 min～5 min 可将样品彻底分解,试剂用量少,空白值低,挥发性元素不损失。

(5)部分分解法　常用的部分分解法有酸水解法、碱水解法和酶水解法。如食品中脂肪的测定,由于食品中的脂肪有游离态和结合态两种存在形式,游离态的脂肪可直接用有机溶剂萃取,而结合态的脂肪则需经过酸或碱在加热条件下水解后才能被有机溶剂萃取;又如食品中硫胺素(维生素 B_1)需加入淀粉酶水解样品后才能测定。

(二) 常用的分离与富集方法

制备的样品溶液有些可以直接进行测定,但有些样品溶液中含有对被测组分测定有干扰的共存组分,在测定前需将干扰组分与被测组分进行分离;有些样品溶液中被测组分含量较低,需进行浓缩富集后才能进行测定。常用的分离与富集方法有溶剂萃取法、固相萃取法、固相微萃取法、超临界流体萃取法、蒸馏与挥发法、膜分离法、沉淀与共沉淀法等。此外,电泳、离心等方法也可用于被测组分的分离,尤其是生物大分子的分离。

1. 溶剂萃取法　该方法的优点是分离和富集效果好、设备简单、应用广泛;缺点是操作比较繁琐、工作量大,有机溶剂易挥发、易燃、有毒。溶剂萃取法是最常用的分离与富集方法。

根据被萃取物质的物理状态不同,溶剂萃取法又分为液—液萃取、液—固萃取和液—气萃取。使用溶剂从液体样品中萃取被测组分称为液—液萃取;使用溶剂从固体样品中萃取被测组分称为液—固萃取,最常用的液—固萃取方法是采用索氏提取器进行萃取;使用溶剂从气体样品中吸收被测组分称为液—气萃取(溶液吸收)。

2. 固相萃取法　固相萃取法采取高效、高选择性的固定相,能显著减小溶剂用量,简化样品预处理过程,广泛用于各种分析方法的样品预处理。它利用固定相吸附不同组分的能力不同将被测物提纯,有效地将被测物跟干扰组分分离,大大增强了对分析物特别是痕量分析物的检出能力,提高了被测样品的回收率。固相萃取法广泛应用于农残检测、食品分析、医药、商检等诸多领域。

固相萃取装置的核心是萃取柱,利用样品中被分离组分和其他组分与萃取柱中固定相的作用力(吸附、分配和离子交换等)不同而进行分离。当试样溶液通过活化过的固相萃取柱时,被分离组分与固定相作用强而被保留,其他组分与固定相作用弱或不作用而直接通过萃取柱;然后再用适当的溶剂洗脱被测组分,以达到分离和富集的目的。也可以选择与被分离组分作用弱,与其他组分作用强的填料作固定相,这时,其他组分被保留在萃取柱上,被分离组分直接通过萃取柱不被保留,从而得到分离。在大多数情况下,被分离组分被保留更利于样品净化。

3. 固相微萃取法(SPME)　固相微萃取法是在固相萃取基础上发展起来的一种新的样品前处理技术。与液—液萃取、固相萃取相比,具有操作时间短、所需样品量少、不需萃取溶剂及重现性好等优点。

固相微萃取技术的核心是固相微量萃取器。固相微量萃取器由手柄和萃取头或纤维头两部分组成。萃取头是一根涂渍有色谱固定相的熔融石英纤维,接不锈钢丝,外套不锈钢针管,石英纤维可在针管内伸缩。手柄用于安装萃取头。根据被测物性质的不同,可选择不同的固定相,如非极性固定相聚二甲基硅烷适用于分离极性小的挥发性氯化烃、芳香烃;极性固定相聚丙烯酸酯适用于分离半挥发性的极性化合物。根据萃取方法的不同,SPME可分为浸入式SPME和顶空SPME两种,前者是将SPME萃取器直接浸入液体中萃取,后者是将固相萃取器插入样品瓶的顶空中进行萃取,两者均基于在一定的浓度范围内,待测物被固定相所吸附的量与其在样品中的原始浓度呈线性关系。

4. 超临界流体萃取法　是用超临界流体作为萃取溶剂的一种萃取技术,其原理与传统液-液萃取相似,根据物质在两相中的分配情况不同将被测物与共存组分分离。超临界流体是介于气体和液体之间的一种既非气态又非液态的物质。一方面,它的密度与液体接近,因此超临界流体的分子间作用力比气体强,它与溶质分子的作用力也很强,与液体一样,很容易溶解其他物质;另一方面,超临界流体的扩散系数比液体大近100倍,黏度与气体接近,传质速率很高,这也有利于物质在超临界流体中的溶解。同时,超临界流体的表面张力小,很容易进入样品基体内,并能保持较高的流速,使萃取过程高效、快速。

超临界流体的密度一般能在较大范围内随温度和压力的改变而变化,对溶质的溶解能力随密度增大而成比例增加,因此通过改变温度和压力,可以调节超临界流体的溶解能力,使样品中的不同组分按它们在超临界流体中的溶解度大小不同而依次萃取出来。

常用的超临界流体有 CO_2、N_2O、NH_3 等,其中 CO_2 应用最多。CO_2 超临界流体具有以下优点:临界值低,易于操作;化学性质稳定,不易与被萃取物质反应;纯度高,价格低;无毒、无臭、无味,不会造成二次污染;沸点低,容易从萃取后的组分中除去,后处理比较简单。CO_2 极性很低,用于萃取低极性和非极性化合物。对极性化合物的溶解能力很低,但可以加入极性改进剂如甲醇来增加它对极性化合物的溶解能力。

5. 蒸馏与挥发法　蒸馏与挥发法是利用液体混合物中各组分挥发性的不同进行分离的方法。利用被测物具有挥发性或经过处理后转变为挥发性物质,通过加热或通 N_2 的方法使其与非挥发性的杂质分离。如测定汞时,利用 $SnCl_2$ 将各种价态的汞还原成金属汞,以空气或 N_2 将其带入吸收池进行冷原子吸收测定。又如测定砷、硒、锗等元素时,在酸性介质中用 KBH_4 作还原剂,可以将它们还原为挥发性的氢化物,使其逸出,达到分离的目的。

常用的蒸馏方法有常压蒸馏、减压蒸馏和水蒸气蒸馏。常压蒸馏用于沸点在40℃～150℃之间的化合物的分离。减压蒸馏用于沸点高于150℃或沸点虽低,但蒸馏过程中易分解的热不稳定性物质的分离。水蒸气蒸馏是将水蒸气引入烧瓶内,使待测组分在低于其沸点的温度下进行蒸馏,用于提取难挥发或在自身沸点下不稳定且与水互不相溶的物质。当物质的蒸气压较低,或在沸点温度下不稳定,但在100℃时的蒸气压大于1.33 kPa,且与水不互溶时,可选用此法,如分离富集水中的溴苯。

顶空分析法是一种将挥发性物质从样品基体中分离出来进行测定的方法,所以又被称为气体萃取。顶空分析法分为静态顶空和动态顶空。静态顶空是样品在密封的容器中恒温加热,达到平衡后取其蒸气进行测定。动态顶空则是用气体连续吹出所需组分,然后通过冷却或吸附将其收集浓缩,最后再用加热的方法释放出来,该技术又称吹扫捕集技术。顶空分析法使样品的前处理变得更加简便、快捷,而且易实现自动化。

6. 膜分离法　膜分离法是依据选择性渗透原理,以外界能量或化学位差为动力,使组分从膜的一侧渗透至膜的另一侧,以达到分离、富集目的。用于分离的膜包括固体膜、液体膜。膜分离的动力有多种,以压力差为动力的膜分离方法有反渗透、超滤、微孔过滤等;以浓度差为动力的有透析、乳化液膜、膜萃取等;以电位差为动力的有电渗析;以温度差为动力的有膜蒸馏等。常用的膜分离法有以下几种:

(1) 透析法　透析是采用半透膜作为滤膜,使试样中的小分子经扩散作用不断透出膜外,而大分子不能透过被保留,直到膜两边达到平衡。它常用于蛋白质、酶等物质的分离、浓缩及提纯。

(2) 超滤　超滤是指加压的膜分离,其原理与过滤一样。依据所加的操作压力和膜的平均孔径的不同,可分为微孔过滤、加压超滤、反渗透三种模式。

(3) 液膜法　液膜法分离是利用悬浮于液体中的很薄的乳状液膜进行分离的方法。将适当溶剂(水或有机溶剂)、表面活性剂及不同添加剂混合,通过高速搅拌形成"油包水(W/O)"型乳状液。将此乳状液加至待分离试液中,搅拌、分散,形成"水(外水相)包油包水(内水相)"(W/O/W)型乳化液膜。被分离的组分从外水相通过选择性渗透作用进入内水相,在内水相中富集。静置使乳化液滴与外水相分离。破坏乳化液滴(破乳),收集内水相,就可得到已分离富集的组分。破乳的方法有化学法、静电法、离子法及加热法等。用液膜法处理含酚废水时,以 NaOH 溶液为内水相,由于酚的亲油性使其选择性地透过油膜进入内水相,与 NaOH 反应生成酚钠,废水中的酚被分离、富集到内水相中。

(三) 样品的衍生化处理

如果被测组分不能满足分析方法的要求而难以测定,可采取对样品进行衍生化处理的方法解决这一问题。样品衍生化处理是通过化学反应将样品中难以检测的组分定量地转化成另一种易于检测的化合物。样品组分中含有活泼 H 的化合物均可被化学衍生化,如含−COOH、−OH、−NH−、−SH 等官能团的化合物都可被衍生化。

通过衍生化处理,可以扩大某些分析方法的使用范围。如气相色谱法不能直接分析高沸点或热不稳定的化合物,通过衍生化反应将其转化成低沸点或热稳定的化合物后,便可采用气相色谱法进行分析。主要的衍生化反应有硅烷化、酯化、酰化、卤化等,其中以硅烷化应用最为广泛。常用的硅烷化试剂有三甲基氯硅烷(TMCS)、双-三甲基硅烷乙酰胺(BSA)、双-三甲基硅烷三氟乙酰胺(BSTFA)、三甲基硅烷咪唑 (IMTS)等。

通过衍生化处理,还可以提高某些分析方法的灵敏度。如气相色谱法电子捕获检测器对含卤素的化合物具有很高的灵敏度,通过衍生化反应使某些化合物连接上卤素原子,可提高这些化合物的检测灵敏度。又如高效液相色谱法中可采用紫外衍生化反应、荧光衍生化反应和电化学衍生化反应等方法提高检测灵敏度。通过紫外衍生化反应可以使没有紫外吸收或紫外吸收很弱的化合物连接一个有强紫外吸收的基团,从而大大增加紫外检测器的灵敏度。常用的紫外衍生试剂有对硝基苯甲酰氯(反应产物:苯甲酸酯类衍生物)、2,4-二硝基氟代苯(反应产物:苯胺类衍生物)和 2,4-二硝基苯肼(反应产物:苯腙类衍生物)等。常用的荧光衍生试剂有丹磺酰氯、丹磺酰肼、荧光胺、异硫氰荧光黄等。由于硝基具有电化学活性,所以硝基化合物被用作电化学衍生试剂,如 3,5-二硝基苯甲酰氯、2,4-二硝基氟代苯、对硝基溴甲苯等。

八、气体钢瓶的使用

气体钢瓶是储存压缩气体的特制的耐压钢瓶。使用时,先打开气瓶总阀门,再通过减压阀(气压表)有控制地放出气体。由于钢瓶的内压很大,而且有些气体易燃或有毒,所以在使用钢瓶时要注意安全。采购和使用有制造许可证企业的合格产品,不得使用改装气瓶和超期未检的气瓶。气瓶使用者必须到已办理充装注册的单位或经销注册的单位购气。

(一)气体钢瓶安全使用注意事项

1. 钢瓶应存放在阴凉、干燥、远离热源(如阳光、暖气、炉火)处。可燃性气体钢瓶必须与氧气钢瓶分开存放。

2. 绝不可使油或其他易燃性有机物沾在气瓶上(特别是气门嘴和减压阀上),也不得用棉、麻等物堵漏,以防燃烧引起事故。氧气瓶或氢气瓶等,应配备专用工具,并严禁与油类接触。操作人员不能穿戴沾有各种油脂或易感应产生静电的服装手套操作,以免引起燃烧或爆炸。

3. 高压气瓶上选用的减压器要分类专用,安装时螺扣要旋紧,防止泄漏;开、关减压器和开关阀时,动作必须缓慢;使用时应先旋动开关阀,后开减压器;用完,先关闭开关阀,放尽余气后,再关减压器。切不可只关减压器,不关开关阀。

4. 使用高压气瓶时,操作人员应站在与气瓶接口处垂直的位置上。操作时严禁敲打撞击,并经常检查有无漏气,应注意压力表读数。不可将钢瓶内的气体全部用完,一定要保留 0.05 MPa 以上的残留压力,可燃性气体如 C_2H_2 应剩余 0.2～0.3 MPa,H_2 应保留 2 MPa,以防重新充气时发生危险。

5. 为了避免各种气瓶混淆而用错气体,通常在气瓶外面涂以特定的颜色以便区别,并在瓶上写明瓶内气体的名称。

6. 各种气瓶必须定期进行技术检查。充装一般气体的气瓶三年检验一次;在使用中严重腐蚀或严重损伤的,应提前进行检验。

(二)高压气瓶的搬运、存放和充装注意事项

1. 在搬动气瓶时,应装上防震垫圈,旋紧安全帽,以保护开关阀,防止其意外转动和减少碰撞。

2. 搬运充装有气体的气瓶时,最好用特制的担架或小推车,也可以用手平抬或垂直转动。但绝不允许用手握着开关阀移动。

3. 充装有气体的气瓶装车运输时,应妥善加以固定,避免途中滚动碰撞;装卸车时应轻抬轻放,禁止采用抛丢、下滑或其他易引起碰击的方法。

4. 充装有互相接触后可发生燃烧、爆炸气体的气瓶(如氢气瓶和氧气瓶),不能同车搬运或同存一处,也不能与其他易燃易爆物品混合存放。

5. 气瓶瓶体有缺陷、安全附件不全或已损坏,不能保证安全使用的,切不可再送去充装气体,应送交有关单位检查合格后方可使用。

第二章
验证性实验

实验一　氟离子选择电极测定水中氟离子的含量

一、目的要求

1. 掌握氟离子选择电极法测定水样中氟离子浓度的原理和方法。
2. 掌握使用酸度计测量溶液电极电位的方法。

二、基本原理

氟离子选择性电极(简称氟电极)是晶体膜电极,其电极膜由 LaF_3 单晶制成。氟电极与含氟溶液及饱和甘汞电极可组成下列电池:

氟电极|含氟溶液(a_{F^-})‖饱和甘汞电极

该电池的电动势可由下式进行计算:

$$E = K + \frac{2.303\,RT}{F}\lg a_{F^-} \tag{1.1}$$

式中 E 为电动势,K 为电极电位活度式的电极常数,R 为气体常数,T 为实验温度,F 为法拉第常数,a_{F^-} 为氟离子的活度。

若在待测溶液中加入离子强度调节剂(TISAB),则氟离子的活度可用浓度代替,在 25℃时公式(1.1)可写成:

$$E = K' + 0.059\lg c_{F^-} \tag{1.2}$$

式中 E 为电动势,K' 为电极电位浓度式的电极常数,c_{F^-} 为氟离子的浓度。

实验中可采用标准曲线法测定样品溶液中氟离子的含量。

三、器材与药品

1. 器材

酸度计　电磁搅拌器(带搅拌磁子)　电子分析天平　托盘天平　氟离子选择电极(使用前应在 10^{-4} mol·L^{-1} 的 F^- 溶液中浸泡活化 1～2 小时)　饱和甘汞电极　烧杯(100 mL,250 mL)　容量瓶(50 mL,100 mL,1 000 mL)　移液管(5 mL,10 mL)　玻璃棒　吹洗瓶

2. 药品

0.100 0 mol·L^{-1} NaF 标准储备溶液　TISAB 溶液　自来水

0.100 0 mol·L⁻¹ NaF 标准储备溶液配制方法:准确称取基准 NaF(120℃烘干 2 小时以上)4.200 0 g,用去离子水溶解,转入 1 000 mL 容量瓶中稀释至刻度,储存于聚乙烯瓶中待用。

TISAB 溶液配制方法:58.0 g NaCl 和 12.0 g 柠檬酸钠溶于去离子水中,加 57.0 mL 冰醋酸和去离子水 500 mL,用 6 mol·L⁻¹ NaOH 调节 pH 至 5.0~5.5,加去离子水稀释至 1 000 mL。

pH=4.00、6.86、9.18 的标准缓冲溶液配制方法见本实验附录二。

四、实验步骤

1. 按本实验附录一中酸度计的使用说明进行酸度计的校正。

2. 将酸度计调节至 mV 挡,安装好氟电极和饱和甘汞电极,将两电极浸入盛有去离子水的烧杯中,在电磁搅拌下用去离子水清洗数次至空白值(即电动势几乎不变的状态)。

3. 标准溶液系列的配制:取 10.00 mL 0.100 0 mol·L⁻¹ 的 NaF 标准储备液,加入 10.00 mL TISAB 溶液定容至 100 mL,得 1.000×10^{-2} mol·L⁻¹ 的 NaF 标准溶液。取 10.00 mL 1.000×10^{-2} mol·L⁻¹ NaF 标准溶液,加入 9.00 mL TISAB 溶液定容至 100 mL,得 1.000×10^{-3} mol·L⁻¹ 的 NaF 标准溶液。以此类推,采用逐级稀释法依次配制出浓度为 1.000×10^{-4} mol·L⁻¹、1.000×10^{-5} mol·L⁻¹、1.000×10^{-6} mol·L⁻¹ 的 NaF 标准溶液各 100 mL。

4. 标准曲线的测绘:将配制好的不同浓度的 NaF 标准溶液分别倒入干燥的烧杯中,按由稀到浓的顺序进行测量。测量时需搅拌 2~3 分钟后停止,待液体平静后(或读数稳定后)读出各个溶液对应的电动势。以测得的电动势(mV)为纵坐标,以 $\lg c_{F^-}$ 为横坐标,绘制标准曲线。

5. 自来水中氟离子含量的测定:将氟电极用去离子水洗至空白电位值,把 5.00 mL TISAB 溶液加入到 50 mL 容量瓶中,用自来水样品溶液定容,将该溶液倒入 100 mL 小烧杯中,测量其电动势。用标准曲线法求算自来水样品溶液中氟离子的含量。

五、数据记录与处理

数据记录见表 2-1-1。以测得的电动势 E(mV)为纵坐标,以 $\lg c_{F^-}$ 为横坐标,在坐标纸上绘制标准曲线。由测得的 E_x 值计算自来水中 F⁻ 的浓度。

表 2-1-1 实验数据记录表

实验编号	标液 1	标液 2	标液 3	标液 4	标液 5	水样
$\lg c_{F^-}$						
E(mV)						

六、注意事项

1. 测量时应注意浓度由稀至浓,且每次更换溶液时用被测溶液润洗电极和烧杯。

2. 每次样品测定前应用去离子水清洗电极电位至空白值,并用吸水纸吸干电极上的水分。

3. 测定过程中更换溶液时,【测量】键必须断开,以免损坏酸度计。

七、思考题

1. 绘制标准曲线时为什么要按由稀到浓的顺序测量?

2. 为什么要加入离子强度调节剂?

附录一　PHS-3C 型 pH 计使用说明

1. 仪器结构　见图 2-1-1。

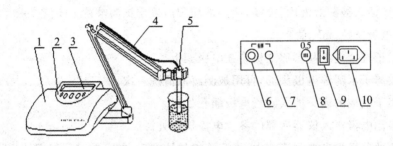

图 2-1-1　PHS-3C 型 pH 计

1. 机身　2. 功能键　3. 显示屏　4. 多功能电极架　5. 电极

6. 测量电极插孔　7. 参比电极插孔　8. 保险丝　9. 电源开关　10. 电源插孔

2. 仪器的标定

(1) 在测量电极插孔处插入复合电极。

(2) 如不用复合电极,则在测量电极插孔处插入 pH 玻璃电极插头,参比电极接入参比电极插孔处。

(3) 打开电源开关,按【pH/mV】按钮,使仪器进入 pH 测量状态。

(4) 按【温度】按钮,使显示为溶液温度值(此时温度指示灯亮),然后按【确认】键,仪器确定溶液温度后回到 pH 测量状态。

(5) 把用去离子水清洗过的电极插入 pH＝6.86 的标准缓冲溶液中,待读数稳定后按【定位】键(此时 pH 指示灯慢闪烁,表明仪器在定位标定状态)使读数为该溶液当时温度下的 pH 值(例如混合磷酸盐 10℃时,pH＝6.92),然后按【确认】键,仪器进入 pH 测量状态,pH 指示灯停止闪烁。标准缓冲溶液 pH 值与温度的关系见表 2-1-2。

(6) 把用去离子水清洗过的电极插入 pH＝4.00(或 pH＝9.18)的标准缓冲溶液中,待读数稳定后按【斜率】键(此时 pH 指示灯快闪烁,表明仪器在斜率标定状态)使读数为该溶液当时温度下的 pH 值(例如磷苯二甲酸氢钾 10℃时,pH＝4.00),然后按【确认】键,仪器进入 pH 测量状态,pH 指示灯停止闪烁,标定完成。

(7) 用去离子水清洗电极后即可对被测溶液进行测量。

3. 测量 pH 值

经标定过的仪器,即可用来测量被测溶液。被测溶液与标定溶液温度相同和不同时,所采用的测量步骤也有所不同。具体操作步骤如下:

(1) 被测溶液与定位溶液温度相同时,测量步骤如下:

① 用去离子水清洗电极头部,再用被测溶液清洗一次。

② 把电极浸入被测溶液中,搅拌,使溶液均匀,在显示屏上读出溶液的 pH 值。

(2) 被测溶液和定位溶液温度不同时,测量步骤如下:

① 用去离子水清洗电极头部,再用被测溶液清洗一次。

② 用温度计测出被测溶液的温度值。

③ 按【温度】键,使仪器显示为被测溶液温度值,然后按【确认】键。

④ 把电极插入被测溶液内,搅拌,使溶液均匀后读出该溶液的 pH 值。

4. 测量电极电位(mV 值)

(1) 把离子选择电极和参比电极夹在电极架上。

(2) 用去离子水清洗电极头部,再用被测溶液清洗一次。

(3) 把离子电极的插头插入测量电极插孔处。

(4) 把参比电极接入仪器后部的参比电极插孔处。

(5) 把两种电极插在被测溶液内,将溶液搅拌均匀后,即可在显示屏上读出该离子选择电极的电极电位(mV 值),还可自动显示±极性。

(6) 如果被测信号超出仪器的测量范围,或测量端开路,显示屏会不亮,作超载报警。

附录二 缓冲溶液的配制方法

1. pH 4.00 缓冲溶液:用优级纯邻苯二甲酸氢钾 10.12 g,溶解于 1 000 ml 的高纯去离子水中。

2. pH 6.86 缓冲溶液:用优级纯磷酸二氢钾 3.387 g 和优级纯磷酸二氢钠 3.533 g,溶解于 1 000 mL 的高纯去离子水中。

3. pH 9.18 缓冲溶液:用优级纯硼砂 3.800 g,溶解于 1 000 mL 的高纯去离子水中。

注意:配制 pH 6.86 和 pH 9.18 缓冲溶液所用的水,应预先煮沸 15～30 min,除去溶解的二氧化碳。在冷却过程中应避免与空气接触,以防止二氧化碳的污染。

表 2-1-2 缓冲溶液的 pH 值与温度关系对照表

温度(℃)	0.05 mol/kg 邻苯二甲酸氢钾	0.025 mol/kg 混合磷酸盐	0.01 mol/kg 四硼酸钠
5	4.00	6.95	9.39
10	4.00	6.92	9.33
15	4.00	6.90	9.28

温度（℃）	0.05 mol/kg 邻苯二甲酸氢钾	0.025 mol/kg 混合磷酸盐	0.01 mol/kg 四硼酸钠
20	4.00	6.88	9.23
25	4.00	6.86	9.18
30	4.01	6.85	9.14
35	4.02	6.84	9.11
40	4.03	6.84	9.07

参考学时：4 学时。

实验二　磷酸的电位滴定

一、目的要求

1. 掌握电位滴定法的基本原理和操作方法。
2. 掌握电位滴定法确定化学计量点的方法。
3. 学会用电位滴定法测定弱酸的 pK_a。

二、实验原理

电位滴定法（potentiometric titration）是借助滴定过程中指示电极的电位突跃确定滴定终点的方法。

电位滴定法常用于热力学常数的测定，如弱酸、弱碱的离解常数，配合物的稳定常数等。

磷酸为多元酸，其电离方程式为：

$$H_3PO_4 + H_2O = H_3O^+ + H_2PO_4^-$$

$$H_2PO_4^- + H_2O \Longrightarrow HPO_4^{2-} + H_3O^+$$

电离常数为：
$$K_{a1} = \frac{[H_3O^+][H_2PO_4^-]}{[H_3PO_4]} \tag{2.1}$$

$$K_{a2} = \frac{[H_3O^+][HPO_4^{2-}]}{[H_2PO_4^-]} \tag{2.2}$$

磷酸的电离常数可用电位滴定法测得。采用 NaOH 标准溶液作为滴定剂，饱和甘汞电极作为参比电极，pH 玻璃电极作为指示电极进行滴定。在滴定过程中，随着滴定剂的加入，磷酸与滴定剂发生反应，溶液的 pH 不断变化。用酸度计测定滴定过程中溶液的 pH 值变化，在滴定终点时，pH 突变引起电位突变，以此来判断滴定终点。

用 NaOH 标准溶液滴定 H_3PO_4 溶液时，当滴定至剩余 H_3PO_4 的浓度与生成的

$H_2PO_4^-$ 浓度相等($[H_3PO_4]=[H_2PO_4^-]$),即半中和点时,由公式(2.1)可得出 K_{a1} 等于此时溶液的 H_3O^+ 浓度,即 $pK_{a1} = pH$。

同理,当 H_3PO_4 二级电离出的 H^+ 被 NaOH 标准溶液中和一半时($[H_2PO_4^-]=[HPO_4^{2-}]$),由公式(2.2)可得出 K_{a2} 等于此时溶液的 H_3O^+ 浓度,即 $pK_{a2} = pH$。

绘制用 NaOH 标准溶液滴定 H_3PO_4 的 $pH-V$、$\frac{\Delta pH}{\Delta V}-V$ 和 $\frac{\Delta^2 pH}{\Delta V^2}-V$ 滴定曲线,从曲线上确定化学计量点,化学计量点一半的体积(半中和点的体积)对应的 pH 值,即为 H_3PO_4 的 pK_a。

三、器材与药品

1. 器材

酸度计 pH 复合电极 电磁搅拌器(带搅拌磁子) 滴定管(碱式) 移液管(10 mL) 烧杯(100 mL)

2. 药品

$0.1xxx\ mol \cdot L^{-1}$ NaOH 标准溶液 $0.10\ mol \cdot L^{-1}$ 磷酸溶液

$0.10\ mol \cdot L^{-1}$ 磷酸溶液的配制:量取 7.00 mL 原装磷酸加水稀释至 1 000 mL,充分摇匀,储存于玻璃试剂瓶中。

四、实验步骤

1. 连接好如图 2-2-1 所示滴定装置,并按"实验一"附录一中酸度计的使用说明进行酸度计的校正。

2. 准确量取 $0.10\ mol \cdot L^{-1}$ 磷酸样品溶液 10.00 mL,置 100 mL 烧杯中,加去离子水 10.00 mL,插入复合 pH 玻璃电极。用 $0.1xxx\ mol \cdot L^{-1}$ NaOH 标准溶液滴定,当 NaOH 标准溶液体积未达到 10.00 mL 之前,每加 2.00 mL NaOH 标准溶液记录一次 pH 值;在接近化学计量点(加入 NaOH 标准溶液时引起溶液的 pH 值变化逐渐增大)时,两次记录之间加入的体积应逐渐减小;在化学计量点前后每加入一滴(如 0.05 mL),记录一次 pH 值,且尽量使每次滴加的 NaOH 标准溶液体积相等,继续滴定直至过了第二个化学计量点为止。

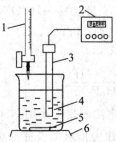

图 2-2-1　滴定装置连接示意图

1. 滴定管 2. pH 计 3. 复合 pH 电极

4. 磷酸溶液 5. 磁子 6. 电磁搅拌器

五、数据记录与处理

1. 数据记录格式参照表 2-2-1。

表 2-2-1 　H₃PO₄ 电位滴定数据记录表

NaOH 标准溶液 V(mL)	pH 计读数(pH)	ΔpH	ΔV	ΔpH/ΔV	平均体积(mL)	$\Delta(\dfrac{\Delta pH}{\Delta V})$	$\dfrac{\Delta^2 pH}{\Delta V^2}$

2. 按 $pH-V$、$\dfrac{\Delta pH}{\Delta V}-V$ 及 $\dfrac{\Delta^2 pH}{\Delta V^2}-V$ 法作图,确定化学计量点,并计算 H_3PO_4 的准确浓度。

3. 由 $pH-V$ 曲线找出第一个化学计量点半中和点的 pH 值,以及第一个化学计量点到第二个化学计量点间的半中和点的 pH 值,确定 H_3PO_4 的 pK_{a1} 和 pK_{a2}。

六、注意事项

1. 安装仪器、滴定过程中搅拌溶液时,要防止碰破 pH 玻璃电极,且搅拌速度不宜过快,以免溶液溅失。

2. 滴定过程中,电极响应需要一定时间,所以应在滴加一定体积标准溶液后,待 pH 值不变时再读数。

3. 在化学计量点前后,最好每次加入相等体积的滴定剂,这样在数据处理时较为方便。

4. 滴定过程中尽量少用去离子水冲洗,防止溶液过度稀释致突跃不明显。

5. 用玻璃电极测定碱性溶液时,速度要快,测完后要将电极置于水中复原。

七、思考题

1. 磷酸是三元酸,为何在 $pH-V$ 曲线上仅出现两个滴定突跃?

2. 用 NaOH 滴定 H_3PO_4,第一化学计量点和第二化学计量点所消耗的 NaOH 体积理应相等,为什么实际上并不相等?

参考学时:4 学时。

实验三 阳极溶出伏安法测定水样中微量镉

一、目的要求

1. 掌握阳极溶出伏安法的基本原理。

2. 熟悉阳极溶出伏安法测定水中微量镉的方法。

3. 了解电化学工作站的使用方法。

二、实验原理

阳极溶出伏安法(anodic stripping voltammetry，ASV)分为富集、溶出两个过程，先将被测金属离子在一定的电压条件下电解一定时间，富集在玻碳电极(同位镀汞)上；然后将电压由负向正的方向扫描，使还原的金属从电极上氧化溶出，并记录其氧化波。本实验采用阳极溶出伏安法测定水中微量镉(Cd^{2+})。

阳极溶出伏安法的全过程可表示为：

$$Me^{n+} + ne + Hg \underset{溶出}{\overset{富集}{\rightleftharpoons}} Me(Hg)$$

在一定条件下，溶出峰电流(i_p)与金属离子浓度(c)成正比：

$$i_p = Kc$$

本实验以玻碳电极为工作电极(同位镀汞)，饱和甘汞电极(SCE)为参比电极，NaAc－HAc缓冲溶液为支持电解质，在－1.0 V(相对于SCE)处富集，然后溶出，根据溶出峰峰高得镉含量。

三、器材与药品

1. 器材

CHI 660电化学工作站 玻碳电极(同位镀汞，工作电极) 铂丝电极(对电极) 饱和甘汞电极(参比电极) 超声波清洗器 PHS-3C型精密酸度计 磁力搅拌器 氮气钢瓶(高纯氮) 秒表 烧杯 塑料洗瓶 移液管(10 mL，5 mL，1 mL) 微量注射器(50 μL)

2. 药品

1.000×10^{-3} mol · L^{-1} Cd(NO_3)$_2$(或 $CdCl_2$)标准溶液 0.1 mol · L^{-1} NaAc－HAc缓冲溶液 1.0×10^{-2} mol · L^{-1} Hg(NO_3)$_2$溶液

四、实验步骤

(一)玻碳电极预处理

将玻碳电极在金相砂纸上打磨光亮，依次用0.3 μm和0.05 μm Al_2O_3乳液抛光至镜面，去离子水超声清洗5 min，用滤纸吸去附着在电极上的水珠。

（二）测定

1. 样品测定

量取 10.00 mL 0.1 mol·L^{-1} NaAc—HAc 缓冲溶液、5.00 mL 水样、1.00 mL 1.0×10^{-2} mol·L^{-1} Hg(NO$_3$)$_2$溶液于 25 mL 电解池中。电解池中放入磁子置于磁力搅拌器上。以玻碳电极为工作电极,铂丝电极为对电极,饱和甘汞电极为参比电极,将此三电极体系放入电解池中。实验开始前通氮气除氧 15 min,以除去溶液中的溶解氧。

将工作电极电位设置为 0.0 V,再通入氮气 2 min。启动搅拌器,调工作电极电位至 −1.0 V,在连续通氮气和搅拌下,准确计时,富集 3 min。停止通氮气和搅拌,静置 30 s。以 100 mV/s 的速度从 −1.0 V 至 0.0 V 扫描,得此待测离子的阳极溶出曲线,记录峰高值,重复扫描 3 次,取其平均值。

2. 空白试验

以 5.00 mL 去离子水代替水样测量试剂空白,操作步骤与水样测定完全相同,记录溶出曲线,记录峰高值。

3. 标准加入法

水样测定完毕后向试液中加入 50 μL 1.000×10^{-3} mol·L^{-1} Cd(NO$_3$)$_2$标准溶液,在与水样测定完全相同的条件下进行电解与溶出,得溶出曲线,记录峰高值。

4. 精密度测定

量取待测水样 5.00 mL,按与步骤 1 样品测定相同的操作步骤富集,富集完成后以 100 mV/s 的速度从 −1.0 V 至 0.0 V 重复扫描 6 次,记录每一次的峰高值,计算相对标准偏差。

五、数据记录与处理

根据标准加入法计算待测液中 Cd^{2+} 的浓度:

$$c_x = \frac{(h_w - h_b)c_s V_s}{(H - h_w)V_x}$$

式中:c_s、c_x 分别为加入的标准液、水样中镉的浓度(mol·L^{-1});H 为水样加标准溶液后溶出峰峰高;h_w 为水样溶出峰峰高;h_b 为试剂空白峰峰高;V_s、V_x 分别为加入标准溶液、水样的体积(mL)。

六、注意事项

1. 玻碳电极使用前需依次经金相砂纸、Al$_2$O$_3$ 乳液打磨抛光,超声清洗。

2. 实验前及实验过程中通氮气除氧。

3. 严禁将溶液等放置在仪器上方,以防溶液溅入仪器内部导致主板损毁。

4. 检测过程中不应出现电流"Overflow"的现象,当软件显示电流过大时,应及时停止实验,关闭仪器,检测电极系统之间是否有短路现象。

5. 仪器应避免强烈震动或撞击。

七、思考题

1. 为什么阳极溶出伏安法的灵敏度较高?

2. 实验前电解质溶液为什么要预先除氧？

3. 如何选择富集溶出电位？

附录　CHI 600 系列电化学工作站操作规程

图 2-3-1　电化学工作站

（一）开机

1. 打开室内电源开关,开启并预热 CHI 电化学工作站(图 2-3-1)。

2. 检查与电脑和工作站连接的接线板是否处于通电状态,启动电脑。

3. 将工作站后面板上的黑色电源开关置于【—】状态,即为开启,此时工作站前面板上的红灯亮,在此状态下预热 5～10 min。

（二）连接实验装置

1. 放好支架。

2. 将电解池放置平稳并向其中加入适量的电解质溶液,盖好上盖。

3. 向上盖的孔穴中插入所用的参比电极和对电极,连接线路:红色接线端与对电极相接;白色接线端与参比电极相接;绿色接线端与工作电极相接。

4. 溶液如果需要通氮气,请将氮气通气管的出气端通过电解池的上盖插入到液面下持续通气5～15 min。

（三）启动 CHI 600 软件程序

双击桌面项目中 CHI 600 的快捷方式,启动程序,电脑屏幕上显示程序窗口。

（四）设置参数并运行程序

1. 选择子程序:在下拉菜单【set up】的【technique】中或使用快捷方式选择子程序【anodic stripping voltammetry ASV】或其他子程序,点击【OK】。

2. 设置参数:在下拉菜单【set up】的【parameters】中或使用快捷方式进行参数设置,在复选框【QCM on if scan rate ≤1.0 V/s】前打钩,然后单击【OK】。

3. 运行程序:用下拉菜单【control】中的【running experiment】或使用快捷方式运行程序。

（五）数据保存与处理

1. 用下拉菜单【file】中的【save as】或使用快捷方式可将实验图及相关参数用文件形式保存到指定目录下,文件的后缀自动生成为【.bin】。

2. 在下拉菜单【file】中选择【convert to txt】可将所选的文件由【＊.bin】转变为同名

【*.txt】文本文件以便采用其他作图程序来处理。

（六）关闭程序与仪器

按照【关闭 CHI 600 电化学工作站】、【关闭 CHI 600 运行程序】、【关闭电脑操作系统】、【关闭电源】的顺序依次关闭相关程序和仪器设备，做好记录。

参考学时：4 学时。

实验四　邻二氮菲分光光度法测定水样中微量铁

一、目的要求

1. 掌握邻二氮菲分光光度法测定铁的原理和方法。
2. 了解分光光度计的构造、性能及使用方法。

二、实验原理

邻二氮菲是目前分光光度法测定微量铁时常用的显色剂，在 pH＝2.0～9.0 范围内的溶液中，可与 Fe^{2+} 反应生成稳定的红色配合物。该反应中铁必须是二价铁离子，Fe^{3+} 在显色前必须还原成 Fe^{2+}，常用的还原剂为盐酸羟胺。反应如下：

$$2Fe^{3+}+2NH_2OH \cdot HCl = 2Fe^{2+}+N_2\uparrow+2H_2O+4H^++2Cl^-$$

该配合物的稳定性较高，最大吸收波长为 508 nm，摩尔吸光系数 $\epsilon=1.1\times10^4$，并且对光的吸收符合 Lambert-Beer 定律。

三、器材与药品

1. 器材

V 5000 型分光光度计　50 mL 容量瓶　吸量管(1 mL,2 mL,5 mL)　25 mL 移液管　坐标纸

2. 药品

1.5 mol·L^{-1}盐酸羟胺溶液　8 mmol·L^{-1}新配制邻二氮菲溶液　1 mol·L^{-1}NaAc 溶液

0.1000 g·$L^{-1}$$Fe^{3+}$ 标准溶液：准确称取分析纯的 $NH_4Fe(SO_4)_2 \cdot 12H_2O$ 0.8640 克，加入2 mol·L^{-1}HNO_3 溶液 100 mL，搅拌使其溶解，然后转移至 1000 mL 容量瓶中，用蒸馏水定容。

27

四、实验步骤

1. 标准溶液的配制

取 6 只 50 mL 容量瓶,编号后按表 2-4-1 配制标准溶液,摇匀放置 15 min 后测定。

表 2-4-1　铁标准溶液的配制

编号	1	2	3	4	5	6
Fe^{3+} 标准溶液体积/mL	0.00	0.20	0.40	0.60	0.80	1.00
1.5 mol·L^{-1} 盐酸羟胺体积/mL	1.00	1.00	1.00	1.00	1.00	1.00
邻二氮菲体积/mL	2.00	2.00	2.00	2.00	2.00	2.00
1 mol·L^{-1} NaAc 体积/mL	5.00	5.00	5.00	5.00	5.00	5.00
加水至总体积/mL	50.00	50.00	50.00	50.00	50.00	50.00
铁标准溶液的浓度/(g·L^{-1})						
吸光度 A						

2. 标准曲线的绘制

在最大吸收波长 508 nm 处,以 1 号溶液为空白溶液,分别测定标准溶液的吸光度。以标准溶液浓度为横坐标、吸光度为纵坐标,绘制标准曲线。

3. 自来水中铁含量的测定

准确吸取自来水 25.00 mL 至 50 mL 容量瓶中,加入 1.5 mol·L^{-1} 盐酸羟胺 1.00 mL、8 mmol·L^{-1} 邻二氮菲 2.00 mL、1 mol·L^{-1} NaAc 5.00 mL,用蒸馏水稀释至刻度,摇匀,放置 15 min,测其吸光度。

五、数据记录与处理

根据样品的吸光度,从标准曲线中查出其浓度,计算出自来水中铁的含量。

六、注意事项

1. 分光光度计需要预热 20 min,配制的溶液需放置 15 min～20 min。

2. 为了防止光电管疲劳,不测定时必须将"黑体"推入光路,使光路切断,以延长光电管的使用寿命。

3. 用比色皿时,手指只能捏住比色皿的毛玻璃面,而不能触及比色皿的光学表面。洗涤时,不能用碱溶液或氧化性强的洗涤液洗涤,也不能用毛刷刷洗。比色皿外壁附着的水或溶液,用擦镜纸或细而软的吸水纸吸干,不要用力擦拭,以免损伤它的光学表面。

七、思考题

1. 为什么每次改变波长仪器都应重新调零?

2. 邻二氮菲法中,配制标准溶液时加入 HNO_3 的目的是什么?

附录 V 5000 型可见分光光度计(图 2-4-1)使用说明

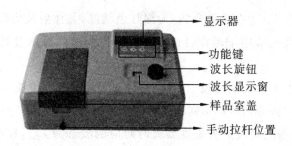

图 2-4-1 V 5000 型分光光度计

1. 预热仪器

从样品室中取出黑体,打开电源开关,然后将"黑体"放入样品室第一格中,预热 20 min。

2. 选定波长

根据实验要求,转动波长旋钮,调至所需要的单色波长。

3. 调节 T=0%

在 T 状态下调 0%,若显示器显示的不是 0.0,轻按一下【0%T】触摸键,使数字显示为"0.0"。

4. 调节 T=100%

将盛有蒸馏水(空白溶液或纯溶剂)的比色皿放入比色皿架中,把样品室盖子轻轻盖上,推到光路中,轻按【100%(0Abs)】触摸键,使数字显示正好为"100.0"。

5. 吸光度的测定

轻按【MODE】触摸键,使 T 状态转换为 A 状态,使数字显示为"0.000"。将盛有待测溶液的比色皿放入比色皿架中,盖上样品室盖,推入光路,此时数字显示值即为该待测溶液的吸光度值。

6. 关机

实验完毕,切断电源,将比色皿取出洗净,并将比色皿座架用软纸擦净。

参考学时:4 学时。

实验五 维生素 B_{12} 的紫外吸收曲线绘制和注射液的含量测定

一、目的要求

1. 掌握紫外分光光度计的使用方法。

2. 掌握维生素 B_{12} 注射剂含量的测定和计算方法。

3. 熟悉测绘吸收曲线的一般方法。

二、实验原理

维生素 B_{12} 是含 Co 的有机化合物,为深红色结晶,其注射液为粉红色至红色的澄清液体。维生素 B_{12} 注射液用于治疗贫血等疾病。注射液的标示含量有每毫升含维生素 B_{12} 50 μg、100 μg、250 μg 或 500 μg 等规格。

测定维生素 B_{12} 注射液的含量,可采用紫外－可见分光光度法。本实验以水为空白,用维生素 B_{12} 的水溶液分别测得不同波长下的吸光度,以波长为横坐标,吸光度为纵坐标绘制吸收曲线。在吸收曲线上吸光度最大时对应的波长为 λ_{max},在 λ_{max} 处测吸光度。维生素 B_{12} 在 278 nm、361 nm、550 nm 处有最大吸收,在 λ_{max} 处测得 A,根据吸光系数法可以求出注射液中维生素 B_{12} 的含量。《中国药典》(2010 版)规定以 361 nm ± 1 nm 处吸收峰的百分吸光系数 $E_{1\,cm}^{1\%}$ 值为 207 作为测定维生素 B_{12} 注射液含量的依据。

三、器材与药品

1. 器材

紫外－可见分光光度计　　1 cm 石英比色皿　　容量瓶(10 mL,25 mL)　　移液管(1 mL,5 mL)

2. 药品

维生素 B_{12} 对照品　　维生素 B_{12} 注射液(市售品 500 $\mu g \cdot mL^{-1}$)

四、实验步骤

1. 对照品溶液和样品溶液的配制

准确称取维生素 B_{12} 对照品约 100 mg 置于烧杯中,加适量水溶解并完全转移至 1 000 mL 容量瓶中,加水定容成约 100 $\mu g \cdot mL^{-1}$ 的溶液。

准确吸取维生素 B_{12} 注射液 0.50 mL 于 10 mL 容量瓶中,用水稀释至刻度摇匀,得到待测样品溶液(按标示含量稀释成 25 $\mu g \cdot mL^{-1}$ 的溶液)。

2. 吸收曲线的绘制

将 100 $\mu g \cdot mL^{-1}$ 维生素 B_{12} 溶液置于 1 cm 比色皿中,以蒸馏水为空白溶液,按仪器使用方法进行操作。从波长 200 nm 开始,每间隔 20 nm 测量一次吸光度,每次用空白调节 100% 透光率后测定被测溶液吸光度值。在 350 nm～370 nm 和 540 nm～560 nm 之间每间隔 5 nm 测量一次吸光度。然后以波长为横坐标,吸光度为纵坐标,将测得值逐点描绘在坐标纸上并连成平滑曲线,即得吸收曲线。从吸收曲线上得到最大吸收波长,从而选择测定维生素 B_{12} 的适宜波长。

3. 注射液含量测定

取维生素 B_{12} 样品溶液置于 1 cm 比色皿中,在 361 nm 波长条件下以蒸馏水作为空白测定吸光度,按 $C_{63}H_{88}CoN_{14}O_{14}P$ 的百分吸收系数 $E_{1\,cm}^{1\%}$ 为 207 计算维生素 B_{12} 标示量的百分含量。

计算公式：

$$c\,(g \cdot 100\ mL^{-1}) = \frac{A_\text{样}}{E_{1\,cm}^{1\%} \times l} = \frac{A_\text{样}}{207}$$

将单位换算成 $\mu g \cdot mL^{-1}$：$c\,(\mu g \cdot mL^{-1}) = \frac{A_\text{样}}{207} \times \frac{10^6}{100} = A_\text{样} \times 48.31$

$$V_{B_{12}}\text{标示量}\% = \frac{n \times A_\text{样} \times 48.31}{\text{标示量}} \times 100$$

（n 为稀释倍数）

《中国药典》(2010 版)规定维生素 B_{12} 注射液含维生素 B_{12} 应为标示量的 90.0%～110.0%。

五、数据记录与处理(表 2-5-1)

表 2-5-1　维生素 B_{12} 吸收曲线的绘制

波长(λ)										
吸光度(A)										
波　长(λ)										
吸光度(A)										

六、注意事项

1. 绘制吸收曲线时,应注意必须使曲线光滑,尤其在吸收峰处,可考虑多测几个波长点。

2. 在每次测定前,首先应做吸收池配套性实验,即将同样厚度的 4 个比色皿都装相同溶液,在所选波长处测定各比色皿的透光率,其最大误差 ΔT 应不大于 0.5%。

3. 为使比色皿中测定溶液与所测溶液的浓度一致,需用所测溶液润洗比色皿 2～3 次。

4. 比色皿内所盛溶液以比色皿高的 2/3 为宜。过满,溶液可能溢出,使仪器受损。使用后应立即取出比色皿,并用自来水及蒸馏水洗净,倒立晾干。

5. 比色皿一般用蒸馏水荡洗,如被有机物污染,宜用盐酸－乙醇(1:1)浸泡片刻,再用水冲洗,不能用碱液或强氧化性洗液清洗。切忌用毛刷刷洗,以免损伤比色皿。

6. $\lambda < 350\ nm$ 时使用氢灯,$\lambda > 350\ nm$ 时使用钨灯。

七、思考题

1. 单色光不纯对于测得的吸收曲线有什么影响?

2. 利用邻组同学的实验结果,比较同一溶液在不同仪器上测得的吸收曲线有无不同?

3. 比较用吸光系数法和校正曲线法测定维生素 B_{12} 注射液含量,你认为哪种方法好?为什么?

附录　UV-2000 型紫外一可见分光光度计(图 2-5-1)使用说明

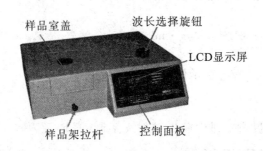

图 2-5-1　UV-2000 型紫外一可见分光光度计

1. 开启电源开关,使仪器预热 20 min。

2. 用波长选择旋钮设置所需的分析波长。

3. 将黑体置于光路,关闭样品室盖,调节仪器到 T 挡,使显示器读数为"0.00％"。

4. 拉动样品架拉杆,将装参比溶液的比色皿置于光路,调节显示器读数为"100.00％"。

5. 重复操作(3)和(4),直至仪器显示稳定。

6. 将装样品溶液的比色皿置于光路,关闭样品室盖,调节仪器到 A 挡,进行测定,在显示器上读出 A 值。

7. 仪器使用完毕,关闭电源,拔下电源插头。取出比色皿,洗净、晾干。复原仪器,盖上防尘罩。

参考学时:4 学时。

实验六　紫外分光光度法同时测定维生素 C 和维生素 E

一、目的要求

1. 掌握紫外分光光度法测定双组分样品的方法。

2. 熟悉双光束紫外一可见分光光度计的原理和使用方法。

二、实验原理

维生素 C 是水溶性维生素,维生素 E 是脂溶性维生素,二者都具有比较强的抗氧化活性,在食品工业中常用作抗氧化剂,而且两种物质结合在一起使用能产生"协同作用",抗氧化效果更强。因此,维生素 C 和维生素 E 常作为一种组合试剂应用于各种食品。

两种维生素在乙醇中的溶解度都比较大,可以采用紫外分光光度法测定同一溶液中双组分的原理来测定它们的含量。首先通过光谱扫描确定维生素 C 和维生素 E 的最大吸收波长 λ_1 和 λ_2，分别配制两组分一系列浓度的标准溶液分别在 λ_1 和 λ_2 下测定吸光度，制作四条标准曲线，斜率即为两组分分别在两个波长下的吸收系数（ε_{a1}、ε_{b1}、ε_{a2}、ε_{b2}）；然后分别测定样品溶液在波长 λ_1 和 λ_2 下的吸光度 A_1 和 A_2，通过解如下联立方程组计算未知溶液的浓度结果（c_a、c_b）。

$$A_1 = A_{a1} + A_{b1} = \varepsilon_{a1} c_a l + \varepsilon_{b1} c_b l$$
$$A_2 = A_{a2} + A_{b2} = \varepsilon_{a2} c_a l + \varepsilon_{b2} c_b l$$

三、器材与药品

1. 器材

双光束紫外－可见分光光度计　1 000 mL 棕色容量瓶　100 mL 棕色容量瓶 10 mL 吸量管　万分之一电子天平

2. 药品

维生素 C 对照品　维生素 E 对照品　乙醇（分析纯）

四、实验步骤

1. 维生素 C 和维生素 E 标准储备液的配制

准确称量 0.026 4 g 维生素 C，用无水乙醇溶解并定容至 1 000 mL，浓度为 1.50×10^{-4} mol·L^{-1}，为维生素 C 的标准储备液。

准确称取 0.086 2 g 维生素 E，用无水乙醇溶解并定容至 1 000 mL，浓度为 2.00×10^{-4} mol·L^{-1}，为维生素 E 的标准储备液。

2. 维生素 C 和维生素 E 标准液的配制

准确吸取维生素 C 标准储备液 4.00、6.00、8.00 和 10.00 mL 于 4 个 100 mL 容量瓶中，准确吸取维生素 E 标准储备液 4.00、6.00、8.00 和 10.00 mL 于 4 个 100 mL 容量瓶中，分别加无水乙醇至刻度线，摇匀，得维生素 C 和维生素 E 的标准溶液。

3. 确定最大吸收波长

用无水乙醇做参比液，测定 220 nm～360 nm 范围内维生素 C 和维生素 E 的吸收光谱，并确定二者的最大吸收波长 λ_1 和 λ_2。

4. 绘制标准曲线

用无水乙醇做参比液，在波长 λ_1 和 λ_2 下分别测定维生素 C 和维生素 E 的 4 个浓度的标准溶液的吸光度，并制作标准曲线。

5. 测定

测定未知溶液在波长 λ_1 和 λ_2 下的吸光度。

五、数据记录与处理

1. 根据紫外吸收光谱确定维生素 C 和维生素 E 的最大吸收波长 λ_1 和 λ_2。

2. 分别制作维生素 C 和维生素 E 在波长 λ_1 和 λ_2 下的两条标准曲线，直线的斜率即为两种物质在相应波长下的吸收系数。

3. 根据未知溶液在波长 λ_1 和 λ_2 下的吸光度,采用联立方程组法计算维生素 C 和维生素 E 的含量。

六、注意事项

1. 维生素 C 和维生素 E 溶液由于容易被氧化,每次实验测定前要临时配制。

2. 石英比色皿使用完毕及时清洗干净。

七、思考题

1. 为什么采用联立方程组法测定维生素 C 和维生素 E?

2. 食品中的维生素 C 和维生素 E 是否可以采用本实验的方法进行测定?

附录 双光束紫外可见分光光度计 TU-1901(图 2-6-1)使用说明

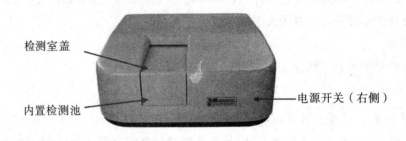

检测室盖

内置检测池

电源开关(右侧)

图 2-6-1 TU-1901 紫外可见分光光度计

1. 开机

打开仪器主机和计算机,点击工作站图标,仪器进行初始化和自检,进入工作站软件界面后,选择测量方式:【光度测量、光谱测量、定量测定】。

2. 光谱扫描

在【配置】中选定【参数】,在对话框中设定:光度方式、光谱扫描范围(900 nm ～ 190 nm)、纵坐标范围(Abs,T%)、扫描速度、重复次数、采样间隔。然后【确定】。

3. 光度测量

在【配置】中选定【参数】,在对话框中设定:光度方式、波长数、测定波长、重复次数。然后【确定】。

4. 定量分析

在【配置】中选定【参数】,在对话框中设定:测量方式(单波长、双波长、三波长……),点击【参考】,确定测量方式、次数、浓度单位、标准样品数、标准系列浓度。然后【确定】。

5. 测量

先将空白样品放入参比池和样品池,并放入样品仓池架中,盖上样品仓盖,进行自动校零或背景扫描,用以扣除光谱背景值。再将样品放入样品池中进行测定,并保存数据。进行定量分析时,按照标准系列的顺序测定,然后测定未知样。

6. 数据存储

实验数据的转存,点击【文件】菜单中【另存为】,在对话框中为要存入的数据命名,在指定路径后保存。

7. 关机

取出样品池清洗干净放好,关闭工作站软件,再关闭主机。

参考学时:4 学时。

实验七　荧光法测定溶液中核黄素的含量

一、目的要求

1. 掌握标准曲线法测定核黄素含量的基本原理。

2. 掌握荧光光度计的基本操作。

3. 了解荧光光度计的基本原理、结构及性能。

二、实验原理

荧光是光致发光。由于各种不同的荧光物质有它们各自特定的荧光发射波长,所以可用其来鉴定荧光物质。对于给定的物质来说,当激发光的波长和强度以及液层的厚度给定,溶液的浓度较低时,荧光强度与荧光物质的浓度呈线性关系:

$$F=kc$$

核黄素溶液在 410 nm～440 nm 蓝光的照射下,发出绿色荧光,荧光峰在 535 nm 附近。核黄素在 pH>11 时荧光消失,在 pH=6～7 的溶液中荧光强度最大,而且其荧光强度与核黄素溶液浓度呈线性关系,因此可以用荧光法测核黄素的含量。

三、器材与药品

1. 器材

930A 型荧光光度计　石英比色皿　50 mL 及 100 mL 容量瓶　电子天平　烧杯　玻璃棒　移液管

2. 药品

5 μg·mL⁻¹核黄素标准溶液　核黄素样品溶液

四、实验步骤

1. 标准溶液的制备

准确吸取 5 μg·mL⁻¹核黄素标准溶液 0.00、0.50、1.00、1.50、2.00、2.50 mL,分别置于 50 mL 的容量瓶中,加入蒸馏水稀释至刻度,摇匀,待测。

2. 待测溶液的制备

准确吸取核黄素样品液 2.00 mL 于 50 mL 容量瓶中,加蒸馏水稀释至刻度,摇匀,待测。

3. 标准溶液及待测溶液的荧光测定

将选择好的滤光片插入仪器相应位置。将激发波长固定在 410 nm,荧光发射波长为

510 nm,测量空白溶液(蒸馏水)及配好的系列标准核黄素溶液的荧光强度,得到标准工作曲线并记录。在相同实验条件下,测定待测溶液的荧光强度,并由标准曲线求得待测溶液的核黄素浓度$c_{待测}$。

4. 计算出待测样品的核黄素浓度

根据稀释的比例关系,得到$c_{样品} = c_{待测} \times 50/2$。

五、数据记录与处理

标准溶液和待测溶液的荧光强度记录如下:

	加入标准溶液体积 (mL)	核黄素浓度 ($\mu g \cdot L^{-1}$)	荧光强度
系列标准溶液	0.00	0	
	0.50	50	
	1.00	100	
	1.50	150	
	2.00	200	
	2.50	250	
待测溶液			

六、注意事项

1. 要爱护石英比色皿,防止将其划伤损坏。

2. 核黄素溶液应避光保存。配制好的溶液应尽快测量,避免久置后成分变化而影响结果。

七、思考题

1. 荧光光度计和荧光分光光度计有什么区别?

2. 干扰荧光光度法的因素有哪些?

附录 930A 型荧光光度计(图 2-7-1)使用说明

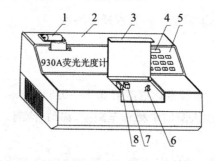

图 2-7-1 930A 型荧光光度计示意图

1. 打印纸　2. 仪器罩盖　3. 样品室盖　4. 显示屏

5. 键盘　6. 发射滤光片　7. 比色皿　8. 激发滤光片

1. 开机

2. 灵敏度校正

将配制的系列标准溶液中浓度最大的溶液置于光路中,关上样品室盖,按灵敏度键,仪器显示 100,从键盘输入 75,按输入键确认。

3. 绘制工作曲线

分别测量空白溶液荧光强度 I_{f0} 及标准溶液的荧光强度 I_{fs},以 $\Delta F = I_{fs} - I_{f0}$ 为纵坐标,核黄素浓度 c 为横坐标,绘制工作曲线,仪器确定线性方程。步骤如下:

操作步骤	显示	打印	说明
按 标准 键	0□000.0		进行一次标准曲线拟合
放入空白样品,按 0 键	1□000.0		输入第一个样品浓度 0
按 输入 键	1□□□□9		读出空白样品的荧光值并记录
放入浓度为 50 的标准样品,按 500 键	2□050.0		输入第二个样品浓度 50
按 输入 键	2□□□29		读出标准样品的荧光值并记录
放入浓度为 100 的标准样品,按 1000 键	3□100.0		输入第三个样品浓度 100
按 输入 键	3□□106		读出标准样品的荧光值并记录
依次放入浓度为 150、200、250 的标准样品,并依次输入 1 500、2 000、2 500			依次读出标准样品的荧光值并记录
按 标准 键	□□□000	Y=BX+C B=0.756 C=-3.229	打印出标准曲线方程

按上述步骤拟合出一次标准曲线后,将被测样品放入样品室,按一次测量键,仪器会显示出被测样品的浓度值,并打印出对应的荧光值和浓度值。

注意在使用中如输入错误,可一直按 0 键,直到全显示 0 时可重新输入。撕打印纸的时候稍往外拉一下,在离锯齿 1 厘米处将纸小心撕下。

参考学时:4 学时。

实验八 荧光法测定硫酸奎尼丁

一、目的要求

1. 掌握用校正曲线法进行荧光定量分析。

2. 熟悉荧光分光光度计的使用方法。

3. 了解荧光产生及测量的过程。

二、实验原理

硫酸奎尼丁属生物碱类抗心律失常药,分子结构如图 2-8-1 所示。由于其分子结构中具有喹啉环结构(奎尼丁为奎宁的右旋体),故能产生较强的荧光,可用直接荧光法测定其荧光强度,由标准曲线法求出试样中奎尼丁的含量。

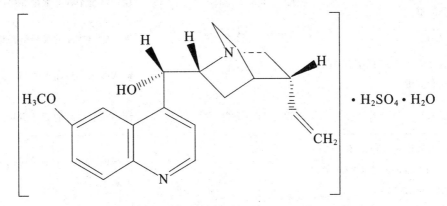

图 2-8-1 硫酸奎尼丁的分子结构式

三、器材与药品

1. 器材

F-2500 型荧光分光光度计 移液管(1 mL,5 mL) 容量瓶(50 mL)

2. 试剂

H_2SO_4 溶液(0.050 0 mol · L^{-1}) 硫酸奎尼丁原料药 硫酸奎尼丁对照品

四、实验步骤

(一)硫酸奎尼丁标准储备液的制备

准确称取硫酸奎尼丁对照品约 0.005 0 g,用 0.050 0 mol · L^{-1} H_2SO_4 溶液溶解后,定容至 50 mL 容量瓶中。准确吸取硫酸奎尼丁对照品溶液 5.00 mL,置 50 mL 容量瓶中,用 0.050 0 mol · L^{-1} 硫酸溶液稀释至刻度,摇匀,制得硫酸奎尼丁标准储备液。

（二）标准系列溶液的制备

准确吸取硫酸奎尼丁标准储备液 1.00 mL、2.00 mL、3.00 mL、4.00 mL 及 5.00 mL，分别置于 50 mL 容量瓶中，用 0.050 0 mol·L^{-1} 硫酸溶液稀释至刻度，摇匀，制得对照品标准系列溶液。

（三）试样溶液的制备

准确称取硫酸奎尼丁试样约 10 mg，用硫酸溶液溶解后，定容至 50 mL 容量瓶中。准确吸取 1.00 mL，置于 50 mL 容量瓶中，用硫酸溶液溶解并稀释至刻度，摇匀，制得待测样品溶液。

（四）测定

1. 开机

先开主机电源，再开氙灯（Xe lamp）。

2. 实验参数设定

打开工作站，进入分析方法编辑窗口，依次选择光强度测定、定量测定；在数据模式中选择荧光；在波长模式中，输入最大激发波长 365 nm 及最大发射波长 430 nm；并根据实验要求输入相应的狭缝宽度等参数。

3. 校正曲线测定

将空白硫酸溶液放入吸收池，点击自动调零按钮【autozero】，仪器自动进行空白校正（自动扣除空白）。输入浓度值，按顺序放入标准溶液，点击【start】进行测定。标准系列溶液测定完毕后，绘制标准曲线，仪器窗口将显示标准曲线回归方程和相关系数。

4. 试样测定

按弹出对话框的提示进行。试样测定的数据（荧光强度和浓度）将显示在数据表格里。根据浓度计算试样中硫酸奎尼丁的含量。

（五）关机

先关氙灯，待仪器降至室温后（20 min 左右），再关主机电源。

五、注意事项

1. 在溶液的配制过程中要注意容量仪器的规范操作和使用。

2. 测量顺序为低浓度到高浓度，以减少测量误差。

3. 进行校正曲线测定和试样测定时，应保证仪器参数设置一致。

六、思考题

1. 测定试样溶液、标准溶液时，为什么要同时测定硫酸的空白溶液？

2. 如何选择激发光波长（λ_{ex}）和发射光波长（λ_{em}）？采用不同的 λ_{ex} 或 λ_{em} 对测定结果有何影响？

附录　荧光分光光度计(图 2-8-2)使用说明

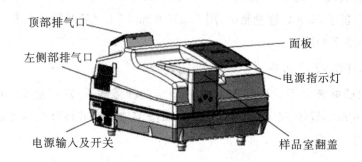

顶部排气口

左侧部排气口

面板

电源指示灯

电源输入及开关

样品室翻盖

图 2-8-2　F-2500 型荧光分光光度计示意图

1. 开机:先开氙灯电源,再打开主机电源和电脑电源。

2. 启动工作站,连接主机,一起自动进行初始化自检。

3. 预热:开机预热 20 min 后才能进行测定工作。

4. 根据分析目的,选择相应的设置界面。

5. 设定参数:设置发射波长、激发波长、带宽、响应时间等参数。

6. 置入样品:将已经装入样品的四面擦净后的石英荧光比色皿放入样品室内试样槽后,将盖子盖好(注意应手持其棱角处,不能接触光面)。

7. 扫描:参数设定完毕后,开始扫描,扫图结束后输入文件名将文件储存。

8. 测定完毕,退出工作站。

9. 关机:先关闭氙灯电源,散热 20 min 后,再关闭主机电源。

参考学时:4 学时。

实验九　火焰光度法测水样中钾和钠的含量

一、目的要求

1. 熟悉火焰光度计的基本原理及定量测定钾、钠的方法。

2. 掌握火焰光度计的基本结构和一般操作。

二、实验原理

火焰光度法是以火焰进行激发,使被测元素发射出特征谱线,用检测器测定被测元素特征谱线的强度而进行元素测定分析的方法。该法用喷雾器将试液送入火焰中燃烧,利用火焰的热能使试样元素原子化,并将原子外层电子激发至高能态(激发态)。原子由高能级返回到低能级时,释放出多余的能量而产生各种具有特定波长的谱线,通过测量各特征谱线的强度,对试样进行定量分析。

　　火焰的激发能较低,所以火焰光度法主要用于碱金属元素和部分碱土金属元素的定量分析。特别适用于血液、咸水和盐碱土壤中钠、钾的测定,还可用于锂、铷、铯、钙等元素的测定。

　　在火焰激发下,钾原子发出 766.5 nm 的红光,钠原子发出 589.3 nm 的黄光。特征谱线的发射强度 I 与样品中该元素浓度 c 之间的关系式为:

$$I = ac^b$$

I 为谱线强度,a 为比例系数,c 为被测元素浓度,b 自吸收系数。

　　在一定实验条件下,a、b 均为常数,当元素浓度较低时,自吸收很小,b 近似为 1。因而:

$$I = ac$$

　　将未知试样待测元素分析谱线的发射强度与一系列已知浓度标准溶液的测量强度相比较,即可进行元素的火焰光谱定量分析。

　　火焰光度法所用仪器为火焰光度计,它由喷雾燃烧系统、分光系统和电子检测系统等部件组成。喷雾燃烧系统由喷雾装置、燃烧灯以及燃料气体和助燃气体的供应装置等部分所组成。燃烧火焰通常是用空气作助燃气,用煤气或液化石油气等作燃料气形成的火焰。仪器某些工作条件(如火焰类型、火焰状态、空气压缩机供应压力等)的变化可影响灵敏度、稳定程度和干扰情况,应按各品种项下的规定选用。

三、器材与药品

1. 器材

火焰光度计　电子天平　1 000 mL 容量瓶　100 mL 容量瓶　5 mL 吸量管　1 mL 吸量管　200 mL 烧杯　100 mL 烧杯

2. 药品

KCl 固体(AR)　　NaCl 固体(AR)

四、实验步骤

1. 钾、钠标准溶液储备液的配制

　　准确称取经 200℃干燥的氯化钾 745.5 mg、氯化钠 585.5 mg,用蒸馏水溶解后分别转移至 2 个 1 000 mL 容量瓶中,定容。此两种储备液中钾、钠的浓度均为 0.010 00 mol·mL^{-1}。

2. 仪器的准备

　　按仪器说明书操作。接通仪器电源,启动空气压缩机,调输出压力约为 0.15 MPa～0.20 MPa 左右,开启仪器进样开关和液化石油气钢瓶阀门,按下点火开关,调节燃气阀,使火焰呈浅蓝色,高度约为 4 cm,仪器在进蒸馏水的条件下预热约 30 min,使火焰趋向热平衡。

　　将废液管插入废液接收瓶,进样管插入蒸馏水中,吸入空白液,火焰再呈稳定的蓝色时,即可开始测样。

3. 标准曲线及样品的测定

　　分别吸取钾、钠储备液 0.50、1.00、1.50、2.00、2.50 mL 置于 100 mL 容量瓶中,蒸馏水稀释至刻度,摇匀。另取 2.00 mL 水样于 100 mL 容量瓶中,蒸馏水稀释至刻度,混匀,作样品溶液。以蒸馏水调零,浓度最大的标准溶液调满度,反复几次直到数字稳定为止。再对上述其他几个标准溶液及未知样品溶液进行测定。样品测定完后,进样管插入纯水中。

五、数据记录与处理

1. 作图法

将各瓶溶液测得的发射强度对标准溶液浓度作图,绘制标准曲线。利用标准曲线查找并计算水样中钾和钠的含量。

2. 计算法

用 Excel 求出回归直线方程式及相关系数(r)。由回归直线方程式计算出水样中钾和钠的含量。

六、注意事项

1. 保持仪器室清洁、通风。按照仪器的使用说明操作仪器。

2. 注意仪器点火后,不能空烧,一定要把毛细管放入水中进样,同时废液杯有水排出。

3. 注意保持雾化器、燃烧喷头的清洁。

4. 燃气和助燃气的比例要合适,压力要恒定,以保持火焰的稳定。

5. 操作过程中,燃烧室与烟囱罩都非常烫,要防止烫伤,且不要从上往下张望。

6. 样品溶液应澄清,其组成与标准溶液的组成应大致相仿。

七、思考题

1. 简述火焰光度法的主要特点及适用范围。

2. 本实验引起误差的主要因素可能有哪些?

附录　FP640 型火焰光度计(图 2-9-1)使用说明

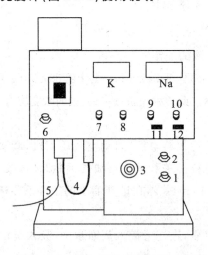

图 2-9-1　FP640 型火焰光度计示意图

1. 进样阀　2. 燃气调节阀　3. 压力表　4. 排液管　5. 进样管

6. 点火开关　7,9. 低标　8,10. 高标　11. 泵启动　12. 电源

1. 检查雾化:启动空气压缩机,调整压力至 0.15 MPa～0.20 MPa 左右。将吸管插入蒸馏水中,水进入雾化室,不久在废液皿内有水流出,这表示仪器进样雾化正常,废液皿下放一个容器,收集废液。

2. 点火预热:打开电源开关,然后打开液化石油气钢瓶上的开关,将燃气阀旋到适当的位置按点火键,然后从观察窗能看到点火花,旋动燃气阀调节火焰高度,使火焰呈现蓝色的锥形,仪器进入预热。

预热时间大约需 30 min,这时火焰较稳定,激发能量恒定,因而读数就稳定,预热时采用蒸馏水连续进样。

3. 样品测定:以蒸馏水调零,浓度最大的标准溶液调满度,反复几次直到数字稳定为止,然后再测定其他的标准溶液及未知样品溶液。

4. 关机:关机前,用蒸馏水空烧 5 分钟左右,先关液化气钢瓶开关,再关燃气阀,最后切断仪器和空气压缩机的电源。

参考学时:4 学时。

实验十 原子吸收分光光度法测定水样中的微量铜

一、目的要求

1. 掌握原子吸收光谱分析法的基本原理。
2. 熟悉用标准曲线法进行定量测定。
3. 了解原子吸收分光光度计的基本结构、性能及操作方法。

二、实验原理

原子吸收法是基于空心阴极灯发射出的待测元素的特征谱线通过试样蒸气时被蒸气中待测元素的基态原子所吸收,根据特征谱线被减弱的程度来测定试样中待测元素含量的方法。在使用锐线光源条件下,基态原子蒸气对共振线的吸收符合 Lambert－Beer 定律:

$$A = \lg(I_0/I) = KLN_0$$

在固定的实验条件下,吸收层厚度 L 一定,待测元素的基态原子数 N_0 与该元素在试样中的浓度 c 成正比。上式可表达为:

$$A = K'c$$

这是进行原子吸收定量分析的依据。

原子吸收法测铜是在空气－乙炔火焰中进行的,由于测定干扰很少,所以采用标准曲线法进行定量分析较方便。测定时以铜标准系列溶液的浓度为横坐标,以其对应的吸光度为纵坐标,绘制标准曲线,由相同条件下测得的水样的吸光度即可求出水样中铜的浓度,进而可以计算水样中铜的含量。

三、器材与药品

1. 器材

TAS-990 原子吸收分光光度计　100 mL 容量瓶　1 mL 刻度吸管

2. 药品

0.100 0 g·L⁻¹铜标准溶液　硝酸(优级纯)　去离子水　水样

四、实验步骤

1. 铜系列标准溶液的配制

准确吸取铜标准溶液 0.00 mL、0.20 mL、0.40 mL、0.60 mL、1.00 mL,分别置于 100 mL 容量瓶中,用 1‰ HNO₃ 溶液稀释至刻度。

2. 铜系列标准溶液的测定

在仪器工作条件下,由稀到浓依次测定各标准溶液的吸光度 A。

3. 水样的测定

根据水样体积,加适量硝酸,使水样中硝酸的浓度约达 1%。

可直接进样,如浓度较大,应先行稀释后再测定。

五、数据记录及处理

测定完毕,打开【AAwin】软件工具栏中的【视图】,查看校正曲线和相关系数是否符合要求,若不符合,则重新测定偏离标准曲线较远的点,直至符合要求。打印出标准曲线,输出数据表中铜的浓度即为样品溶液中铜的实际浓度。

六、注意事项

1. 测量前,认真检查气路及水封,以防乙炔泄漏,发生危险。

2. 乙炔为易燃、易爆气体,应严格遵守仪器操作规程。实验时先开空气压缩机,后供乙炔气体;结束或暂停实验时,要先关闭乙炔气体,再关空气压缩机,避免回火。

七、思考题

1. 火焰原子吸收法有哪些优缺点?

2. 标准溶液及样品溶液的酸度对吸光度有什么影响?

附录　TAS-990(火焰)原子吸收分光光度计(图 2-10-1)使用说明

图 2-10-1　TAS-990 原子吸收分光光度计

（一）开机

依次打开计算机、显示器电源开关，等计算机完全启动后，打开主机电源。

（二）仪器联机初始化

1. 在计算机桌面上双击【AAwin】图标，选择运行模式【联机】，单击【确定】。仪器出现初始化界面，等待 3～5 分钟（联机初始化过程），将弹出选择元素灯和预热灯窗口。

2. 根据需要选择铜为工作灯、其他元素为预热灯（如果还测定其他元素，预热灯选该元素灯）。点击【下一步】，出现设置元素测量参数窗口。

3. 再点击【下一步】，设置波长，点击【寻峰】，等寻峰过程完成后，点击【下一步】→【关闭】→【下一步】→【完成】。进入测量界面。

（三）设置测量参数

1. 在准备测量之前，需要对测量参数进行设置。点击主菜单【设置/测量参数】，即可打开测量参数设置对话框。设置标准液、空白液、待测液的重复测量次数，点击【确定】。

2. 点击主菜单【设置/样品设置向导】，选择校正方法（标准曲线法）、曲线方程（一次方程$[A]=K_1[c]+KD$）、浓度单位（$\mu g \cdot mL^{-1}$）、样品名称（Cu）等，点击【下一步】；设置标准样品的浓度及个数，点击【下一步】；设置测量样品的自动功能，在【每个样品】输入框内输入执行的周期，点击【下一步】；设置待测样品的数量、编号及其他系数，点击【完成】。

（四）开空压机

先打开【风机开关】，再打开【空压机开关】，调节【调压阀】，直到压力达到 0.2 MPa～0.25 MPa。

（五）打开乙炔气瓶

调节气瓶的分压力，达到 0.05 MPa～0.06 MPa 即可。

（六）点火

在进入测量前，认真检查气路以及水封。当确认无误后，选择主菜单【应用/点火】或单击工具按钮【 ⚡ 】，点燃火焰。

（七）测量

调好火焰后，选择主菜单【测量/开始】，也可以单击工具按钮【 ▶ 】或按 F5 键，即可打开测量窗口。吸取空白溶液校零，依次吸取标准溶液和未知样品溶液，点击【开始】，进行测量。测量完成后，点击【终止】，退出测量窗口。点击【视图】下的校正曲线，查看曲线的相关系数，判断测量数据的可靠性，进行保存或打印处理。

（八）关火

关闭乙炔钢瓶主阀门，让火焰自动熄灭，点击【确定】，退出熄火提示窗口，吸取去离子水 1 分钟，清洗燃烧头，防止燃烧头结盐。

（九）关机

退出【AAwin】软件，依次关闭原子吸收主机电源、乙炔钢瓶减压阀、空压机工作开关,按放水阀排空压缩机中的冷凝水,关闭风机开关,退出计算机 Window 操作程序,关闭打印机、显示器和计算机电源。盖上仪器罩,检查乙炔气瓶是否已经关闭。

参考学时:4 学时。

实验十一　石墨炉原子吸收法测定兔血中的铅含量

一、目的要求

1. 掌握石墨炉原子吸收法测定兔血中铅含量的方法、原理。
2. 熟悉石墨炉原子吸收分光光度计的工作原理及操作方法。
3. 了解血液样品的预处理方法及基体改进剂的作用。

二、实验原理

石墨炉原子吸收法(graphite furnace atomic absorption method)是原子吸收法的一种。血液样品用基体改进剂稀释后直接进入石墨管中,通过程序升温将样品干燥、灰化及原子化。在 283.3 nm 波长下测定铅基态原子蒸气的吸光度,在一定实验条件下,其吸光度与溶液中铅的浓度成正比,即 $A=Kc$,据此进行定量分析。

三、器材与药品

1. 器材

原子吸收分光光度计(带石墨炉)　铅空心阴极灯　全热解石墨管　1.5 mL 带盖聚乙烯塑料离心管　微量注射器

2. 药品

硝酸(优级纯)　氯化钯(分析纯)　硝酸溶液(3∶97,V/V)　基体改进剂①　铅标准溶液(1 000 μg/mL,国家标准物质)②　去离子水　试剂空白溶液③

四、实验步骤

1. 样品处理

用微量注射器抽取经肝素抗凝的兔血样 40 μL,置于盛有 0.36 mL 基体改进剂的 1.5 mL带盖聚乙烯塑料离心管中,充分振摇混匀。

2. 仪器工作条件

波长 283.3 nm,灯电流 13 mA,狭缝宽 0.4 nm,氘灯背景校正,氩气流量0.6 L/min,

---

① 基体改进剂:由 PdCl₂(0.05%)、TritonX-100(0.5%,V/V)和 HNO₃ 溶液(0.1∶99.9,V/V)等体积混合组成。
② 铅标准溶液(1 000 μg/mL,国家标准物质):临用时用硝酸溶液(1∶99,V/V)逐级稀释成 10 μg/mL 铅标准溶液,最后用基体改进剂稀释成 0.4 μg/mL 铅标准应用溶液。
③ 试剂空白溶液:40.0 μL 去离子水加入 0.36 mL 基体改进剂中。

进样体积 10 μL，读数方式为峰高。石墨炉工作条件：干燥 1：90℃，20 秒；干燥 2：120℃，20 秒；干燥 3：250℃，15 秒；灰化：800℃，25 秒；原子化：2 300℃，3 秒；清洗：2 400℃，2 秒。

3. 标准曲线的绘制

取 6 只塑料离心管，编号后按表 2-11-1 配制标准溶液，按仪器测定条件依次测定吸光度。以 2～6 号管的吸光度减 1 号管的吸光度为纵坐标，铅的质量浓度为横坐标绘制标准曲线。

表 2-11-1 铅标准溶液配制

编号	1	2	3	4	5	6
铅标准应用溶液/μL	0.00	10.0	20.0	30.0	40.0	50.0
基体改进剂/mL	0.36	0.35	0.34	0.33	0.32	0.31
正常血/μL	40.0	40.0	40.0	40.0	40.0	40.0
铅质量浓度/(μg/L)	0.00	10.0	20.0	40.0	40.0	50.0
吸光度 A						

4. 样品测定

按测定标准曲线的仪器条件测定样品溶液和试剂空白溶液，样品吸光度减去试剂空白吸光度后，由标准曲线得样品中铅的含量。

五、数据记录与处理

血液中铅的浓度：

$$\rho_{血液} = \rho \times n$$

式中：$\rho_{血液}$ 为血液中铅的质量浓度，μg/L；ρ 为由标准曲线求得的稀释血样中铅的质量浓度，μg/L；n 为血液稀释倍数，本实验为 10。

六、注意事项

1. 测定过程中，干燥、灰化温度和时间的选择很重要，要防止样品的飞溅。每只石墨管的阻值不同，更换石墨管后需重新做标准曲线。

2. 铅容易进入玻璃中，加酸可以防止吸附损失。

3. 石墨炉法测铅时读数的重复性较差，可适当增加重复测定次数（3～5 次），取其平均值。

七、思考题

1. 基体改进剂的作用是什么？

2. 实验中，在原子化步骤采取停气操作的目的是什么？

3. 石墨炉原子吸收法的优点是什么？

附录 TAS-990 原子吸收分光光度计石墨炉法操作规程

1. 接好电源，依次打开电脑、打印机、原子吸收仪主机的电源。

2. 双击原子吸收仪的应用软件【AAwin】,进入界面后选择【联机】、【确定】进行初始化。

3. 在出现的界面选择相应的元素工作灯及预热灯,依次点击【下一步】、【下一步】、【寻峰】,寻峰结束后点击【关闭】、【下一步】、【完成】。

4. 点击【能量】、【自动能量平衡】,调整能量到 100% 左右。

5. 拔出燃烧器和石墨炉间的金属隔板,点【仪器】选择【测量方法】、【石墨炉】、【执行】进行石墨炉工作的切换;如果能量变化太大,则要对炉体进行调试(途径 a.【仪器】中的【原子化器位置】调试;途径 b. 炉体下的圆盘调试)。

6. 打开石墨炉主机的电源开关,开水,开氩气(0.4 MPa)。

7. 点击【石墨管】安装石墨管,装好后点击【能量】、【自动能量平衡】。

8. 点击【加热】,设置石墨炉加热程序;点击【样品】、【参数】(石墨炉一般只测一次,计算方式默认为峰高)进行设置。

9. 点击【空烧】对石墨管空烧(使吸光度低于 0.002 即可,新管一定要空烧)。

10. 点击【校零】。

11. 点击【测量】,用微量注射器吸取待测液(最多不超过 15 μL)注入石墨管内,点击【开始】进行测量(不用校零)。

12. 测量结束后,点【打印】进行测量结果打印;也可点【保存】进行保存。

13. 点击【仪器】选择【测量方法】、【火焰吸收】进行火焰吸收工作的切换,完毕后插上隔板。

14. 退出【AAwin】,关闭氩气和水,关闭电脑、打印机、原子吸收仪器和石墨炉主机的开关,最后关闭电源,做好记录。

参考学时:4 学时。

实验十二　气相色谱法测定苯系化合物

一、目的要求

1. 掌握归一法进行定量分析的基本原理和方法。

2. 了解气相色谱仪的结构和组成、工作原理以及数据采集、数据分析等基本操作。

二、实验原理

气相色谱法利用试样中各组分在流动相(气相)和固定相间的分配系数不同,对混合物进行分离和测定。适用于分析气体和易挥发液体组分。

在确定的固定相和色谱条件下,每种物质都有一定的保留时间,因此,在相同的实验条件下,分别测定纯物质和样品各组分的保留值,将两者进行对比,就可确定各组分的种类。但这种利用绝对保留值定性的方法对色谱条件要求严格,操作条件的变化容易产生误差,通常采用相对保留时间来定性。

归一法是一种常用的简便、准确的定量方法。使用此方法的条件是:样品中所有的组分都要流出色谱柱,并在所用检测器上都产生信号。本实验用气相色谱法定性检测苯、甲苯、乙苯,再用峰面积归一法计算各组分的含量。

三、器材与药品

1. 器材

气相色谱仪 高纯氮气 高纯氢气 空气压缩机 1 μL 微量注射器

2. 药品

苯(色谱纯) 甲苯(色谱纯) 乙苯(色谱纯) 苯、甲苯、乙苯混合液

四、实验步骤

1. 实验条件的选择

色谱柱规格:3 m×3 mm;柱类型:不锈钢填充柱;载气类型:氮气,流速 50.00 mL·min^{-1}(压力为 0.08 MPa~0.1 MPa);氢气流速 2.00 mL·min^{-1}(压力为 0.03 MPa~0.07 MPa);空气流速 30.00 mL·min^{-1}(压力为 0.05 MPa)。

柱温:80℃;"进样 1"温度:150℃,不分流;检测器:FID,温度 150℃;进样量:0.2 μL(标准样),0.6 μL(未知混合样)。

2. 标样和试样测定

(1) 用微量注射器分别吸取标准样品苯、甲苯、乙苯各 0.2 μL,进样,分别得到苯、甲苯、乙苯的色谱图,记录各自的保留时间和峰面积,重复进样 3 次。

(2) 用微量注射器取苯、甲苯、乙苯混合液 0.6 μL 进样,作色谱图,记录各组分的保留时间和峰面积,重复进样 3 次。

五、数据记录与处理(表 2-12-1)

表 2-12-1 苯系物色谱数据处理

名称	保留时间(平均)	峰面积(平均)	含量
苯			
甲苯			
乙苯			
混合样			

六、注意事项

1. 开机前,先打开空压机和氮气总开关,同时开减压阀,调整其分压。

2. 测定过程中,严禁打开色谱柱箱的门,以保持柱温恒定。

3. 取样时,单手持微量注射器,用食指和中指夹住柱塞杆缓慢抽提,避免产生气泡;进样时,用食指下压柱塞杆,速度要快,但注意不要将柱塞杆压弯。

4. 实验结束后,先关闭氢气稳压阀、氢气瓶的减压阀和总阀门,再关闭空气稳流阀,待柱温降至 50℃ 以下时,关闭电脑和氮气气瓶的减压阀和总阀门。

七、思考题

1. 简述归一法定量分析的优点和局限性。

2. 试解释苯、甲苯、乙苯流出的先后顺序。

附录一　GC-6890 气相色谱仪(图 2-12-1)使用说明

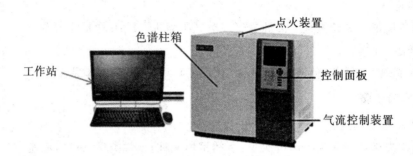

图 2-12-1　GC-6890 气相色谱仪

1. 打开空压机电源(如果是氮、氢、空一体机则需开机 30 min)。

2. 打开氮气、氢气气瓶的总阀门,同时打开减压阀,调整分压,氮气为 0.3 MPa～0.35 MPa,氢气为 0.1 MPa～0.2 MPa。

3. 打开气相色谱仪主机开关,打开氮气稳流阀,调整其压力为 0.08 MPa～0.1 MPa。

4. 设置测定参数,将【柱温箱】、【进样 1】、【检测器】设置为"开"的状态(按数字【1】和【确认】键)。打开电脑,点击工作站。

5. 当运行状态显示"准备好"时,开仪器顶部后上方的空气稳流阀,调整其压力为 0.05 MPa;调整氢气稳流阀使其压力在 0.07 MPa 左右,点火;再回调氢气稳流阀,使其压力在 0.03 MPa。

6. 待基线水平后,点击【样品设置】,输入样品名称、选择样品类型(标样、试样)、输入停止时间,然后点击采用;再点击【方法】选择归一法。点击【数据采集】,注入样品,同时点击【开始采样】。

7. 实验结束后,先关闭氢气稳流阀,再关闭空气稳流阀。将【柱温箱】、【进样 1】、【检测器】设置为"关"的状态(按数字【0】和【确认】键)。

8. 待柱箱温度降至 50℃ 以下时,关闭氮气和电脑。

9. 关闭气源(氮气、氢气和空压机或氮、氢、空一体机)和主机电源。

附录二　微量注射器的使用说明

1. 气相色谱常用微量注射器的规格有:1 μL、5 μL、10 μL。

2. 微量注射器选用原则:注射样品量应在注射器量程的 2/3 左右。

3. 吸取样品前先用试剂冲洗 3～5 次,再用样品清洗 3～5 次。

4. 取样时,单手持微量注射器,用食指和中指夹住柱塞杆缓慢抽提至刻度,注意避免产生气泡,多余的蘸在针头部分的样品用滤纸擦去;进样时,拇指和中指固定注射器外管,食指下压柱塞杆,速度要快,但注意不要将柱塞杆压弯。

参考学时:4学时。

实验十三 气相色谱法测定酊剂中乙醇含量

一、目的要求

1. 掌握内标法测定原理及其计算方法。
2. 熟悉氢火焰离子化检测器在含水样品中微量有机组分测定中的应用。
3. 熟悉气相色谱仪的操作使用。

二、实验原理

气相色谱仪是一种多组分混合物的分离、分析工具,以气体作为流动相(载气),进样后由载气携带进入填充色谱柱或毛细管色谱柱。样品中各个组分在色谱柱中的流动相(气相)和固定相(液相或固相)之间的分配或吸附系数有差异。在载气的作用下,各个组分在两相间作反复多次分配,使各个组分在色谱柱中得到分离,然后由检测器根据组分的物理、化学特性的差异,将各个组分检测出来。气相色谱(GC)广泛用于气体和易挥发的液体、固体样品的定性、定量分析工作。易挥发的有机物,一般可以直接进样分析;对于挥发性低和易分解的物质,则需制成挥发性大和稳定性好的衍生物后才能分析。

内标对比法(已知浓度样品对照法)是在校正因子未知时内标法的一种应用。在药物气相色谱分析中,校正因子多是未知的,此时,可采用无需校正因子的内标标准曲线法或内标对比法进行定量分析。由于上述方法是测量样品的相对响应值(峰面积或峰高之比),故实验条件波动对结果影响不大,定量结果与进样量重复性无关,同时也不必知道样品中内标物的确切含量,只需在各份样品中等量加入即可。

本实验采用内标对比法测定酊剂中乙醇的含量,方法是先配制已知浓度的标准样品,将一定量的内标物加入其中,再按相同量将内标物加入试样中。分别进样,由下式可求出试样中待测组分的含量 $c_{试样}(V/V)$:

$$c_{试样} = \frac{(A_i/A_{is})_{试样}}{(A_i/A_{is})_{标准}} \times c_{i标准}$$

式中,A_i、A_{is}分别为被测组分和内标物的峰面积。

氢火焰离子化检测器(FID)是GC中常用的一种高灵敏度检测器,通过测定有机物在氢火焰作用下化学电离形成的离子流强度获得信号。其特点是只对含碳化合物有明显响应,而对非烃类、惰性气体或在火焰中难电离或不电离的物质响应较低或无响应。因此,FID特别适用于含水样品中微量有机组分的测定。FID属于质量型检测器,其响应值(峰高 h)取决于单位时间内进入检测器的组分质量。当进样量一定时,峰面积与载气流速无关,但峰高与载气流速成正比,因此当用峰高定量时,需保持载气流速稳定。

三、器材与药品

1. 器材

气相色谱仪　1 μL 微量注射器　移液管(5 mL,10 mL)　100 mL 容量瓶

2. 药品

无水乙醇(AR)　无水正丙醇(AR,内标物)　酊剂(大黄酊)样品

四、实验步骤

(一)实验条件

色谱柱:Rtx-1 毛细管柱(30 m×0.25 mm ×1 μm);柱温:80℃;气化室温度:150℃;氢火焰离子化检测器(FID)温度:130℃;载气(氮气):9.8×10⁴ Pa;进样量:0.5 μL;内标物:无水正丙醇。

(二)溶液配制

1. 标准溶液制备　准确吸取无水乙醇、正丙醇各 5.00 mL,置 100 mL 容量瓶中,加水稀释至刻度,摇匀。

2. 样品溶液制备　准确吸取酊剂样品 10.00 mL、正丙醇 5.00 mL,置 100 mL 容量瓶中,加水稀释至刻度,摇匀。

3. 测定　在上述色谱条件下,分别进样 0.5 μL 标准溶液与样品溶液,记录色谱图。

五、数据记录与处理

将色谱图中有关数据填入下表,并代入公式求样品中乙醇的百分含量(V/V)。

	组分名称	沸点(℃)	t_R	A	A_i/A_{is}	c_i(%)
标准溶液	乙醇	78				
	正丙醇	97				
试样溶液	乙醇	78				
	正丙醇	97				

计算公式:

$$c_i(\%) = \frac{(A_i/A_{is})_{试样} \times 10}{(A_i/A_{is})_{标准}} \times 5.00\%$$

式中,A_i 和 A_{is} 分别为乙醇和正丙醇的峰面积;10 为稀释倍数;5.00% 为标准溶液中乙醇的百分含量(V/V)。

六、注意事项

1. 采用内标对比法定量时,应先考察内标标准曲线(以标准曲线中组分与内标物峰响应值之比作纵坐标,以标准溶液浓度为横坐标作图)的线性关系及范围,若已知标准曲线通过原点且测定浓度在其线性范围内,再采用内标对比法定量;同时,用于对比的标准

溶液浓度与样品溶液中待测组分浓度应尽量接近,这样可提高测定准确度。

2. FID是用氢气和空气燃烧所产生的火焰使被测物质离子化的,故应注意安全问题。在未接上色谱柱时,不要打开氢气阀门,以免氢气进入柱箱。测定流量时,一定不能让氢气和空气混合,即测氢气时,要关闭空气,反之亦然。无论什么原因使火焰熄灭时,都应尽快关闭氢气阀门,直到排除故障,重新点燃时,再打开氢气阀门。高档仪器有自动检测和保护功能,火焰熄灭时可以自动关闭氢气。为防止检测器被污染,检测器温度设置不应低于色谱柱实际工作的最高温度。

3. 仪器环境温度保持5℃～35℃,相对湿度85％以下,避免阳光直射;调节柱箱温度时不得超过色谱柱最高使用温度;检测器恒温箱要先升温,再升柱箱温度,最后升进样口温度。

七、思考题

1. 氢火焰离子化检测器(FID)的主要特点是什么? 本实验为什么要选择FID? 它的检测灵敏度与哪些因素有关?

2. 内标法有哪些优点? 内标物的选择原则有哪些? 在什么情况下采用内标法较方便?

3. 在什么情况下可采用已知浓度样品对照法? 内标法定量时,进样是否要十分准确?

附录　气相色谱仪(图2-13-1)使用说明

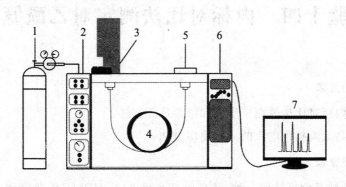

图2-13-1　气相色谱仪基本结构示意图

1.气源　2.气路控制系统　3.进样系统　4.柱系统
5.检测系统　6.控制系统　7.数据处理系统

1. 将载气氮气钢瓶输出阀打开,调节输出气压为0.5 MPa～0.7 MPa。

2. 用肥皂水对气路连接处检漏,若漏气则进行处理。其他气路(如氢气、空气等)同样进行检漏。

3. 调节稳压阀,使气体流量达到测试要求。打开稳压电源、仪器电源,启动仪器主机。

4. 打开计算机,双击桌面上的工作站图标进入实时分析窗口,通载气。

5. 打开【系统配置】进样口、色谱柱、检测器的配置,在此窗口需设置载气、尾吹气种类;柱参数(柱长、内径、膜厚、最高使用温度)输入及色谱柱的选择;设定柱温(范围:－99℃～399℃)及进样器温度(范围:0℃～99℃),设定完毕,回到【系统配置】窗口,点击【SET】键确认。

6. 用鼠标点【文件】菜单,找到【方法文件另存为】输入你想保存的方法文件名(如果硬件配置相同的话,可以直接调用此方法)。

7. 如果使用以前编辑好的方法,直接在第 3 步的窗口下用鼠标点【文件】菜单,找到【打开方法文件】,打开需要的方法文件名。如果新建方法,则需要设置参数并保存文件。

8. 点击【下载】,再点击【系统打开】。

9. 仪器稳定后,进行【斜率测定】,出现的对话框中显示斜率值,2 000 以下正常,点OK 即可。

10. 进样:点击【单次进样】,输入样品信息及数据保存路径,点击【开始】;吸取样品溶液 1 μL～3 μL,进样,点击面板上的【START】,完成进样。

11. 点击【系统关闭】,等柱温小于 30℃,进样口、检测器温度小于 50℃以后,退出实时分析窗口,关闭计算机。关闭气源:载气(N_2)、H_2、空气。关闭色谱仪电源开关。

12. 关闭计算机、打印机、稳压电源开关。

参考学时:4 学时。

实验十四　内标对比法测定对乙酰氨基酚

一、目的要求

1. 掌握内标对比法的测定步骤和结果计算方法。

2. 熟悉高效液相色谱仪的一般使用方法。

二、实验原理

内标对比法是内标法的一种,是高效液相色谱法(HPLC)中最常用的定量分析方法之一。方法是,分别配制含有等量内标物的对照品溶液和试样溶液,经 HPLC 分析后,测得上述两溶液中待测组分(i)和内标物(is)的峰面积,按下式计算试样溶液中待测组分的浓度:

$$c_{i\text{试样}}=c_{i\text{对照}}\times\frac{(A_i/A_{is})_{\text{试样}}}{(A_i/A_{is})_{\text{对照}}}$$

对乙酰氨基酚稀碱溶液在 257 nm±1 nm 波长处有最大吸收,可以用于定量测定。在其生产过程中,有可能引入对氨基酚等中间体,这些杂质在上述波长处也有紫外吸收,为避免杂质干扰,本实验采用 HPLC 内标对比法测定对乙酰氨基酚含量。

三、器材与药品

1. 器材

高效液相色谱仪 C$_{18}$色谱柱(150 mm×4.6 mm，5 μm) 电子天平(0.000 1 g)
容量瓶(50 mL,100 mL) 移液管(10 mL,1 mL)

2. 药品

对乙酰氨基酚对照品 非那西丁对照品 对乙酰氨基酚原料药 甲醇(色谱纯)
重蒸馏水 针头滤器(0.45 μm,有机系)

四、实验步骤

1. 色谱条件

色谱柱：C$_{18}$色谱柱(150 mm×4.6 mm，5 μm)；流动相：甲醇—水(60：40)；流速：
0.6 mL/min；检测波长：257 nm；柱温：室温；进样量：20 μL。

2. 内标溶液的配制 精密称取非那西丁对照品约 0.250 0 g,用适量甲醇溶解后加入 100 mL 容量瓶中,并稀释至刻度,摇匀即得内标溶液。

3. 对照品溶液的配制 精密称取对乙酰氨基酚对照品约 0.005 0 g,用适量甲醇溶解后加入 100 mL 容量瓶中,再精密加入内标溶液 10.00 mL,用甲醇稀释至刻度,摇匀；精密量取 1.00 mL,置 50 mL 容量瓶中,加流动相稀释至刻度,摇匀即得。

4. 试样溶液的配制 精密称取对乙酰氨基酚样品约 0.005 0 g,用适量甲醇溶解后加入 100 mL 容量瓶中,再精密加入内标溶液 10.00 mL,用甲醇稀释至刻度,摇匀；精密量取 1.00 mL,置 50 mL 容量瓶中,用流动相稀释至刻度,摇匀即得。

5. 进样分析 对乙酰氨基酚对照品溶液经 0.45 μm 滤膜滤过。用微量注射器吸取续滤液,进样 20 μL。记录色谱图,重复 3 次。以同样方法分析试样溶液。

五、数据记录与处理

按下表记录峰面积。按下式计算对乙酰氨基酚的百分含量。

$$w(\%) = \frac{(A_i/A_{is})_{试样}}{(A_i/A_{is})_{对照}} \times \frac{m_{i对照}}{m_{试样}} \times 100\%$$

式中 $m_{i对照}$ 是对照溶液中组分 i 的量。

	对照品溶液			试样溶液		
	A_i	A_{is}	A_i/A_{is}	A_i	A_{is}	A_i/A_{is}
1						
2						
3						
平均值						

六、注意事项

1. 流动相应选用色谱纯试剂、高纯水或双蒸水,酸碱液及缓冲液需经过滤后使用,过滤时注意区分水系膜和油系膜的使用范围;水相流动相需经常更换(一般不超过 2 天),防止长菌变质。

2. 实验中可通过选择适当长度的色谱柱,调整流动相中甲醇和水的比例或流速,使对乙酰氨基酚与内标物的分离度达到定量分析的要求。

3. 内标对比法是内标校正曲线法的应用。若已知校正曲线通过原点,并在一定线性范围内,则可用内标对比法测定。该法只需配制一种与待测组分浓度接近的对照品溶液,并在对照品溶液与试液中加入等量内标(可不必知道内标物的准确加入量),即可在相同条件下进行测定。

七、思考题

1. 比较外标法与内标法、内标对比法定量的优缺点。

2. 如何选择内标物质以及内标物的加入量?

3. 实验中试样溶液和对照品溶液中的内标物浓度是否必须相同? 为什么?

附录　高效液相色谱仪(图 2-14-1)使用说明

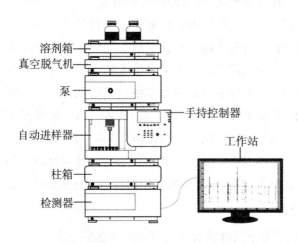

溶剂箱
真空脱气机
泵
手持控制器
自动进样器
工作站
柱箱
检测器

图 2-14-1　高效液相色谱仪示意图

1. 过滤流动相,根据需要选择不同的滤膜。对抽滤后的流动相进行超声脱气 10～20 min 或机器在线脱气。

2. 打开 HPLC 工作站(包括计算机软件和色谱仪),待各模块自检完成后,进入 HPLC 控制界面主菜单,设定泵流速 5 mL/min 进行【purge】,直到所有要用通道无气泡为止;重新设定泵流速,通常为 1.0 mL/min。

3. 单击泵下面的瓶图标,输入溶剂的实际体积和瓶体积,也可输入停泵的体积。

4. 编辑完整方法,设定泵参数,如在【Flow】处输入流量 1 mL/min,在【Solvent B】处输入 70.0($A=100-B$),也可【Insert】一行【Timetable】,编辑梯度。在【Pressure Limits Max】处输入柱子的最大耐高压,以保护柱子。

5. 设定柱温箱、检测器参数,观察基线的情况。一个完整的走样方法需要包括:a.进样前的稳流,一般 2～5 min;b.基线归零;c.进样阀的【loading】—【inject】转换;d.走样时间随不同的样品而不同。

6. 数据分析,打印报告。

7. 关机时,先关计算机,再关液相色谱仪。关机前,用流动相冲洗系统 20 min,然后用有机溶剂冲洗系统 10 min(如乙腈、ACN),然后关泵(适于反相色谱柱)。退出化学工作站及其他窗口,关闭计算机。

参考学时:4 学时。

实验十五 高效液相色谱法测定注射用阿莫西林钠的含量

一、目的要求

1. 掌握高效液相色谱法测定阿莫西林钠的方法。

2. 熟悉高效液相色谱仪的操作和外标定量分析方法。

二、实验原理

阿莫西林钠是 β-内酰胺类抗生素,系统命名为(2S,5R,6R)-3,3-二甲基-6-[(R)-(-)-2-氨基-2-(4-羟基苯基)乙酰氨基]-7-氧代-4-硫杂-1-氮杂双环[3,2,0]庚烷-2-甲酸钠($C_{16}H_{18}N_3NaO_5S$, 387.40),其结构式为:

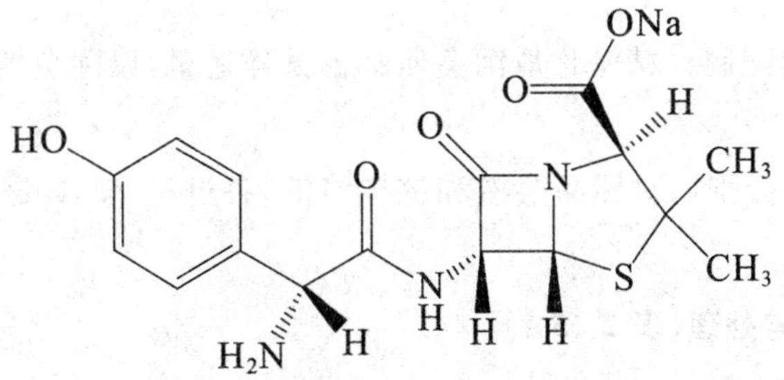

图 2-15-1 阿莫西林钠化学结构图

注射用阿莫西林钠为阿莫西林钠的无菌粉末,白色或类白色粉末或结晶。按无水物计算,含阿莫西林($C_{16}H_{19}N_3O_5S$)不得少于 80.0%;按平均装量计算,含阿莫西林应为标示量的 90.0%~110.0%。

阿莫西林钠的分子结构中有苯环取代基的发色基团,能吸收紫外光,因而可用紫外检测器检测。其分子中还有酚羟基和羧基,在中性或碱性流动相中均能解离,因此需要使用 pH<7 的流动相进行分离测定。

高效液相色谱法测定药物中某个成分时,一般采用外标法进行定量。外标法包括标准曲线法和外标一点法。当标准曲线方程的截距近似等于零时,可用外标一点法。用待测组分的纯品作为对照品配制对照品溶液,取装量差异项下内容物,精密称取适量,配制供试品溶液。对照品溶液和供试品溶液在相同色谱条件下分别进样相同体积进行测定,记录峰面积。用下列公式计算试样中组分的质量或浓度:

$$m_i = m_s \times \frac{A_i}{A_s} \text{ 或 } c_i = c_s \times \frac{A_i}{A_s}$$

式中 m_i、m_s、c_i、c_s、A_i、A_s 分别为试样溶液中待测组分和对照品溶液中对照品的质量、浓度和峰面积。

三、器材与药品

1. 器材

P230 高效液相色谱仪(配备紫外检测器) C$_{18}$色谱柱(150 mm×4.6 mm,5 μm)平头微量注射器(25 μL) 超声脱气装置 电子天平(0.000 1 g) 容量瓶(50 mL) 针头滤器(0.45 μm,有机系)

2. 药品

阿莫西林对照品 注射用阿莫西林钠 甲醇(色谱纯) 超纯水

四、实验步骤

1. 色谱条件

色谱柱:C$_{18}$色谱柱(150 mm×4.6 mm,5 μm);流动相:水(含 0.2％磷酸)-乙腈(97:3);流速:1 mL/min;检测波长:254 nm;柱温:室温。

2. 对照品溶液的配制 精密称取阿莫西林对照品 0.002 0 mg,用流动相溶解并定容至 50 mL 容量瓶中。

3. 试样溶液的配制 精密称取阿莫西林钠试样适量,以阿莫西林计约为 20 mg,按上法配制试样溶液。

4. 进样分析 分别取对照品溶液和试样溶液,各进样 20μL 进样分析,两种溶液各重复测定三次。

五、数据记录与处理(表 2-15-1)

记录阿莫西林钠对照品溶液和试样溶液的峰面积或者峰高,计算平均值,用外标法以色谱峰面积或峰高计算试样中阿莫西林钠的量,并计算试样中阿莫西林钠的含量。

表 2-15-1 实验数据记录和实验结果

	I	II	III	平均值
对照液峰面积(峰高)				
试样溶液峰面积(峰高)				
试样中阿莫西林钠含量(%)				

六、注意事项

1. 药典规定,以阿莫西林色谱峰计算,理论板数应不低于 1 700。

2. 手动进样器采用定量环定量,进样时需要多吸取一些溶液,超过定量环的体积,以保证进样体积准确。

3. 流动相使用前应该过滤,并超声脱气。

七、思考题

1. 可否用其他的流动相代替实验中所用的流动相?

2. 实验过程中如果发现阿莫西林色谱峰拖尾,可采用什么方法改善?

3. 相对于内标法,外标法有什么优缺点?

附录　P230 型高效液相色谱仪(图 2-15-2)使用说明

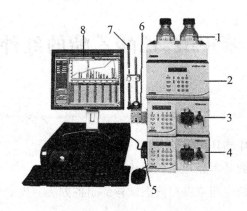

图 2-15-2　P230 型高效液相色谱仪

1. 溶剂瓶　2. 紫外检测器　3. 高压输液泵 A　4. 高压输液泵 B
5. 溶剂混合器　6. 手动进样器　7. 色谱柱　8. 工作站

(一)准备

1. 准备所需的流动相,用 0.45 μm 滤膜过滤,注意区分有机系与水系滤膜,流动相超声脱气 20 min。

2. 根据待检样品选择合适的色谱柱,安装时注意色谱柱的方向。

3. 检查仪器各部件的电源线、数据线和输液管道是否连接正常。

(二)开机

接通电源在线脱气机,待泵和检测器自检结束后打开电脑,最后打开色谱工作站。

(三)更换流动相并排气泡

逆时针转动泵的放空阀 180°左右打开放空阀,按泵的冲洗键,"冲洗"指示灯亮为绿色开始冲洗排气泡,再次按冲洗键停止。将放空阀顺时针旋转到底关闭放空阀。如管路中仍有气泡则重复以上操作直至气泡排尽。

(四)平衡系统

按《EC2000 色谱数据工作站用户使用手册》打开【EC2000 色谱数据系统】软件,输入实验信息并设定各项方法参数后启动数据采集,待基线平稳后,即可进样分析。

（五）进样

把六通进样阀手柄扳到【load】位置，用进样针吸取适量对照品溶液或样品溶液注射到定量环中，把手柄扳到【inject】位置，完成进样。

（六）关机

分析完毕后，先用 5％甲醇水溶液冲洗系统 30 min，然后用 100％甲醇冲洗系统 30 min，停泵。关闭工作站软件，关闭仪器电源和电脑。

参考学时：4 学时。

实验十六　苯甲酸、乙酸乙酯的红外光谱测定

一、目的要求

1. 掌握用压片法制作固体试样的方法。
2. 熟悉红外光谱法的基本原理及仪器构造。
3. 了解红外光谱法的应用范围和液态试样的制备方法。

二、实验原理

红外光谱反映分子的振动情况。当用一定频率的红外光照射某物质时，若该物质的分子中某基团的振动频率与之相同，则该物质就能吸收此种红外光，使分子由振动基态跃迁到激发态。当用不同频率的红外光通过待测物质时，就会出现不同强弱的吸收现象。

由于不同化合物具有其特征的红外光谱，因此可以用红外光谱对物质进行结构分析。同时根据分光光度法的原理，若选定待测物质的某特征波数吸收峰，也可以对物质进行定量测定。

三、器材与药品

1. 器材

Nicolet iS10 傅里叶变换红外光谱仪　压片机　模具　玛瑙研钵　不锈钢药匙 KBr 盐片　红外干燥灯

2. 药品

KBr(光谱纯)　乙酸乙酯（AR）　苯甲酸（AR）

四、实验步骤

（一）开启空调机

使室内温度为 18℃～25℃，相对湿度≤60％。

（二）打开红外光谱仪

红外光谱仪开机后很快就可以稳定,光源通电 15 min 后就可以达到能量最高,开机 30 min 后就可以测试样品。

（三）苯甲酸的红外光谱测定

1. 纯溴化钾晶片背景扫描

取预先在 110℃烘干 48 小时以上并保存在干燥器内的 KBr 150 mg 左右,置于洁净的玛瑙研钵中,研磨成均匀的粉末,然后转移到压片器中,压制成厚 1 mm～2 mm 透明的溴化钾晶片,放在红外光谱仪的样品支架上,置入样品仓,对其进行扫描,作为背景。

2. 苯甲酸的红外光谱测定

取约 1 mg 苯甲酸样品于干净的玛瑙研钵中,加约 100 mg 的 KBr 在红外灯下研磨成均匀粉末,转移到压片器中,压制成厚 1 mm～2 mm 透明的晶片,放在红外光谱仪的样品支架上,置入样品仓,测定其红外光谱。

（四）乙酸乙酯的红外光谱测定

1. 溴化钾盐片背景扫描

将一块干净抛光的 KBr 盐片置于池架上,放入样品仓,对其背景进行扫描。

2. 乙酸乙酯的红外光谱测定

在一块干净抛光的 KBr 盐片上,滴加一滴乙酸乙酯样品,压上另一块盐片,将它置于池架上,放入样品仓,即可进行红外光谱测定。

五、数据记录与处理

1. 记录实验条件,打印光谱图。
2. 对苯甲酸及乙酸乙酯的特征谱带进行归属。
3. 对比羰基化合物与芳香化合物各自的特征红外光谱。

六、注意事项

1. 固体样品经研磨(红外灯下)后仍应防止吸潮。
2. 压片用模具用后应立即把各部分擦干净。
3. KBr 盐片应保持干燥透明,每次测定前均应用无水乙醇抛光(红外灯下),切勿水洗。
4. KBr 粉末必须尽可能地纯净并保持干燥。
5. 充分研磨样品和 KBr 粉末。

七、思考题

1. 红外吸收光谱分析,对固体试样的制片有何要求?
2. 如何着手进行红外吸收光谱的定性分析?
3. 红外光谱实验室为什么对温度和相对湿度要求维持一定的指标?

61

附录　Nicolet iS10 傅里叶变换红外光谱仪(图 2-16-1)使用说明

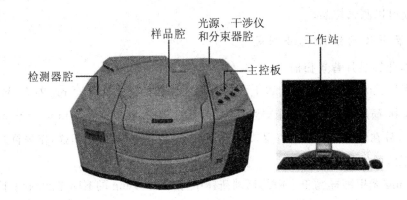

图 2-16-1　Nicolet iS10 傅里叶变换红外光谱仪

（一）开机

开启电源稳压器,打开电脑、打印机及仪器电源。建议在操作仪器采集谱图前,先让仪器稳定 20 min 以上。

（二）仪器自检

打开 OMNIC 软件后,仪器将自动检测并在右上角出现对号,这表示电脑和仪器通讯正常。

（三）软件操作

1. 进入【采集】菜单的【实验设置】,进入【诊断】观察红外信号是否正常。

2. 将背景样品放入样品仓或以空气为背景,按【Col Bkg】采集背景光谱(背景采集的顺序要同采集参数中"背景光谱管理"一致)。

3. 将测试样品放入样品舱,按【Col Smp】采集红外光谱。

4. 需要时,按【Bsln Cor】自动校正基线,或进行平滑处理等其他数据处理。

5. 需要时,按【谱图检索】进行谱图检索和红外谱图解析。

6. 按【Find Pks】标识谱峰。

7. 按【打印】打印谱图。

（四）关机

1. 如果不需 24 小时通电,可直接把仪器电源关闭。若要防止仪器受潮,需 24 小时通电,就打开【采集】下面【实验设置】中的【光学台】,再打开右侧【光源】选项,选择【关】,这样可以关闭红外光源,延长光源寿命,然后【确定】,最后关闭 OMNIC 软件。

2. 单击开始菜单,关闭计算机,并关闭显示器和打印机电源等。

（五）注意事项

1. 仪器干涉仪密封仓、样品仓内应置充分、有效的干燥剂(变色硅胶的颜色不得转红)。

2. 所有接人插头的变更,均需在切断电源状态下进行。

3. 整个系统须可靠接地,若电源波动较大,请加接净化稳压电源。断电后须人工复位。

参考学时:4 学时。

实验十七　乙苯的核磁共振氢谱测定及解析

一、目的要求

1. 了解核磁共振波谱法的基本原理。

2. 了解核磁共振波谱样品的制备、测定方法与步骤。

3. 学习简单核磁共振波谱谱图的解析。

二、实验原理

用一定频率的电磁波辐射处于外加磁场中的 ^1H 核,当辐射所提供的能量($h\nu$)恰好等于 ^1H 核两能级的能量差(ΔE)时, ^1H 核便吸收该频率电磁辐射的能量,从低能级向高能级跃迁,改变自旋状态,这种现象称为核磁共振。在有机化合物中,各种氢核周围的电子云密度不同,其共振频率产生差异,引起共振吸收峰的位移,这种现象称为化学位移。尽管不同化学环境中的质子的化学位移相差很小,仍可借助核磁共振波谱仪得到有关 H 的信息。

核磁共振谱图可得到峰的数目、峰面积、峰的化学位移值、峰的裂分数和耦合常数等物质结构信息,以一定的方法解析这些信息,即可初步确定未知化合物的结构。一般解析步骤如下:首先根据被测化合物的化学式计算该化合物的不饱和度;其次根据积分曲线计算各峰所代表的氢核数;然后根据化学位移,先解析比较特征的强峰、单峰,结合耦合常数及峰裂分信息再合理组合解析所得的结构单元,推出结构式。最后结合紫外、红外、质谱等信息检查推导的结构式是否合理,并查阅相关文献和标准谱图予以验证。

三、器材与药品

1. 器材

Bruke-400 MHz 核磁共振谱仪　NMR 样品管(直径 5 mm,长 20 cm)

2. 药品

乙基苯(AR)　氘代 DMSO(AR,含 TMS)

四、实验步骤

(一) 乙苯溶液的配制

配制浓度约为 0.01 M 的乙基苯的氘代 DMSO 溶液,并装入核磁样品管,样品量一般 5 mg/0.5 ml。在靠近样品管管口 1 cm 处贴上标签,标签上注明样品名称及溶剂并用胶带纸贴紧,盖上核磁管帽准备测定。

（二）乙苯的核磁共振波谱测定

不同品牌不同型号的仪器操作方法各有特点,开机后一般进行如下操作:

1. 在程序界面,在文件菜单中,建立新的文件名。

2. 放样

将样品管外表擦干净,将样品管插入转子。在量规中测量并确定样品溶液与转子的相对位置。将样品放入到磁体样品室中。根据情况让样品管旋转,调整转速（现在有些样品不提倡旋转）。

3. 锁场

输入"Lock"命令,锁场。在"Lock"对话框中选择溶剂氘代 DMSO。

4. 匀场

使锁线在适当范围内,各个参数间会有相互影响,应反复调整,当锁线到达峰顶时,当前调整的这个参数的值是最佳值。

5. 采样前准备

输入有关命令:设定参数,准备采样。

6. 采样

设定参数后开始采样。

7. 采样后处理

相位校正,调整谱图相位,保存相位处理结果。

积分处理,保存积分结果。

打印:设置打印范围,打印谱图。

8. 取出样品管,结束测定。

（三）谱图解析

1. 由核磁共振信号的组数判断有机化合物分子中化学等价（化学环境相同）质子的组数。

2. 由各组共振信号的积分面积比推算出各组化学等价质子的数目比,进而判断各组化学等价质子的数目。

3. 由化学位移值推测各组化学等价质子的归属。

4. 由裂分峰的数目、耦合常数（J）、峰形推测各组化学等价质子之间的关系。对于一级氢谱,峰的裂分数符合 $n+1$ 规律（n 为相邻碳上氢原子的数目）;相邻两裂分峰之间的距离为耦合常数,该值反映质子间自旋耦合作用的强弱,相互耦合的两组质子的 J 值相同;相互耦合的两组峰之间呈"背靠背"的关系,外侧峰较低,内侧峰较高。

五、数据记录与处理

根据谱图确定各峰的化学位移 δ（ppm）、相对峰面积、峰的裂分数及 J（Hz）值和可能的结构。

六、注意事项

1. 待测样品要纯,样品及氘代试剂的用量要适当;氘代试剂对样品的溶解性要好,而且与样品间不能发生化学反应。

2. 确保所用核磁管无破损、划痕,样品管外表擦干净,否则会影响测试。

3. 样品中不应含磁性物质(如金属元素等)。

4. 要遵守核磁共振实验室的管理规定,严格按仪器操作规程进行操作。

七、思考题

1. 为什么要对样品锁场,不锁场可以记录图谱吗?

2. 为什么需要匀场,使用氘代溶剂的作用是什么?

附录 Bruke-400 MHz 核磁共振谱仪(图 2-17-1)使用说明

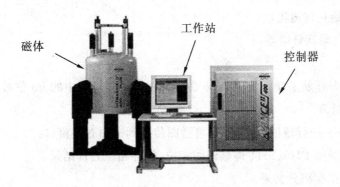

图 2-17-1 Bruke-400 MHz 核磁共振谱仪

仪器操作方法:

1. 进入程序界面,在文件菜单中,选择"Search",打开一个已经存在的谱图。使用 edc 命令建立新的文件名。

2. 进样

将样品管外表擦干净,将样品管插入转子。在量规中测量并确定样品溶液与转子的相对位置。打开程序的窗口菜单,单击【sample】打开进样对话框。

将样品放入到磁体样品室中。让样品管旋转,打开【spin on-off】,调整转速。

3. 锁场

使用命令"lockdisp"打开锁线窗口,查看锁线的两个峰值是否在窗口的中间位置,如果锁线不在中间位置,需要调整 field 参数,将锁线的两个峰值调到窗口的中间。

输入"Lock"命令,锁场。

在"Lock"对话框中选择溶剂氘代 DMSO。

单击【Lock on-off】按钮,打开锁场对话框,该按钮变色,锁场成功。

在"shim panel"界面上调节各方向磁场强度。

4. 匀场

单击【shim】按钮，打开匀场对话框，应适当调节"lockgain"，使锁线在适当范围内，各个参数间会有相互影响，应反复调整，当锁线到达峰顶时，当前调整的这个参数的值是最佳值。

5. 采样前准备

输入以下命令：

rpar 命令，读入实验类型和参数；

getprosol 命令，读入相关设置；

atma 命令，进行自动调谐（适用有自动调谐器的探头）；

eda 命令，修改采样参数；

edasp 命令，查看采样通道；

ased 命令，修改采样参数；

ii 命令，初始化核磁谱仪；

rga 命令，自动调整增益。

6. 采样

使用 zg 命令开始采样。使用 acqu 命令可观察采样过程中的 fid 信号。

7. 采样后处理

使用命令 efp 进行傅里叶变换，并将谱图传递到谱图查看窗口。

相位校正，调整 PH0、PH1 调整谱图相位，保存相位处理结果。

积分处理，保存积分结果。

打印：单击【dp1】按钮，设置打印范围。

使用"view"命令预览谱图，使用 plot 命令打印谱图。

8. 单击【Lift on－off】取出样品管，结束测定。

参考学时：4 学时。

实验十八　有机化合物的质谱测定

一、目的要求

1. 了解质谱分析的基本原理和质谱仪的基本构造及工作流程。

2. 熟悉利用质谱图验证和推测化合物结构的基本方法。

二、实验原理

质谱法是将样品分子经离子源作用，电离生成分子离子或裂解成碎片离子后，经电场加速，并在质量分析器中按质荷比（m/Z）大小进行分离、记录的分析方法。常用的离子源包括电子轰击源、化学电离源、激光解析电离源、大气压电离源等,常用的质量分析器包括磁场质量分析器、飞行时间质量分析器、四极杆质量分析器、离子阱质量分析器等。分析样品通过直接引入(进样杆、探针等)或间接引入(色谱进样、膜进样等)的途径引入离子源并被离子化。离子在离子源中被加速后进入质量分析器,在空间或时间上按照质荷比的大小进行分离,经检测记录和信号处理,得到按不同质荷比 m/Z 值排列和对应离子丰度的质谱图。各类有机化合物在质谱中的裂解行为与其结构、性质密切相关,可利用质谱图所提供的信息来确定有机化合物的分子量和结构。

三、器材与药品

1. 器材

质谱仪[带电子轰击源(EI),气相色谱进样和直接进样杆进样]

2. 药品

对氯甲苯(优级纯)　未知试样($C_4H_8O_2$)(优级纯)

四、实验步骤

1. 开机进行仪器预热,待真空度达到要求后进行质谱调谐,使质谱仪正常工作。

2. 调节并设定仪器条件(质谱参考条件):EI:70 eV;离子源温度:180℃;灯丝发射电流:100 μA;扫描方式:全扫描;质量扫描范围:30 amu ~ 300 amu;扫描速率:500 amu·s^{-1}。

3. 进样:取适量对氯甲苯采用直接进样杆进样的方式送入质谱仪;未知试样采用气相色谱进样的方式进样。

4. 在设定的仪器条件下进行测定,记录质谱图。

五、数据记录与处理

1. 根据对氯甲苯的质谱图(图 2-18-1),将各离子峰特征归纳至表 2-18-1,计算$(M+2)/M$ 和 $(M+1)/M$ 的实测值和理论值,并进行比较。

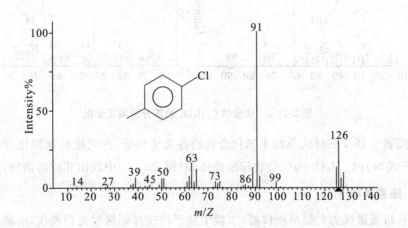

图 2-18-1　对氯甲苯标准质谱图

表 2-18-1　对氯甲苯主要特征离子

质荷比(m/Z)	相应的离子	相对强度(%)	离子特征或产生的裂解过程
128			
127			
126			
.			
.			

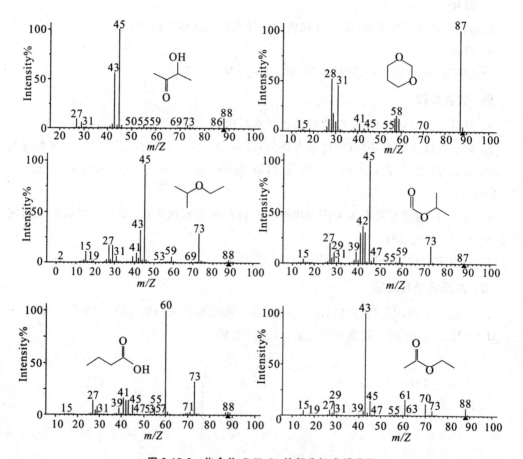

图 2-18-2　化合物 $C_4H_8O_2$ 的部分标准质谱图

2. 按表 2-18-1 的样式总结未知化合物的各离子特征,据此推测未知化合物的结构,并从分子式均为 $C_4H_8O_2$ 的化合物标准质谱图(图 2-18-2)中找出相应的谱图进行确证。

六、注意事项

1. 有机质谱仪为大型精密仪器,实验中应严格按操作规程进行操作,以防损坏仪器。

2. 仪器未达到规定的真空度之前,禁止进行进样分析操作。

3. 解析质谱图时,并不需要对所有离子峰都进行归属。

七、思考题

1. 为什么质谱仪工作时需要高真空系统？

2. 简述利用质谱图推测化合物结构的基本步骤。

3. 质谱能提供有机化合物的哪些结构信息？

附录 DSQⅡ型质谱仪(图2-18-3)操作使用说明

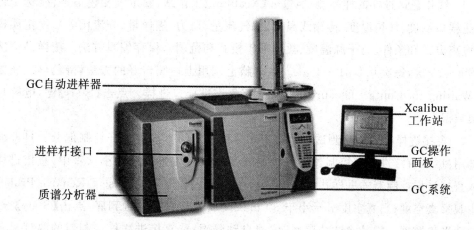

图 2-18-3 DSQⅡ型气相色谱—质谱联用系统

(一) 试样制备

1. 低沸点的有机物或气体混合物试样可由气相色谱(GC)进样口导入。

2. 固体样品和高沸点有机物可用适当溶剂将样品溶解,浓度约为 $0.01~\mu g \cdot mL^{-1}$~ $1~\mu g \cdot mL^{-1}$,用微量注射器取 $0.2~\mu L$~$1~\mu L$,采用直接进样系统进样。

(二) 开机

1. 打开气源钢瓶,使输出压力约为 0.6 MPa。开计算机电源和 GC 总电源开关,等待 GC 自检直到仪器显示面板上出现最终版本号。设定载气流速,保证有载气通过色谱柱。

2. 对气相色谱柱进行柱评价【column evaluation】和检漏【leak check】,确保色谱柱安装正确,柱系统无泄漏后,开 MS 总电源。启动计算机的"DSQ Tune"程序,开始自动联机抽真空。

3. 等待仪器真空度<50 mTorr~60 mTorr,离子源、进样口和质谱传输线温度稳定后,作质谱调谐。

(三) 质谱调谐

1. 开机后仪器稳定 2 h 以上,通过选择【Instrument ｜ Fil/Mult/Dyn On】,打开灯丝,选择合适的调谐条件,并观察参考气的质谱峰情况。

2. 选择 DSQ Tune 程序中的【Tune ｜ Automatic Tune】显示 Automatic Tune 页面,通过选择合适选项运行自动调谐。调谐完成后,通过选择【Instrument ｜ Fil/Mult/Dyn

Off】,关闭灯丝。

3. 将调谐文件以一文件名保存,察看调谐报告,检查【leak check】值,若<10%系统不漏,如果【leak check】值>10%要对系统重新检查。日常维护可只选择【Tune】→【maintenance】→【leak check】进行质谱检漏。

（四）进样分析

1. 气相色谱进样的样品测试:进入【Xcalibur】工作站,设定气相色谱条件(选定色谱柱、进样口温度、柱箱温度、传输线温度、载气流量、压力、进样量、分流比等),设定质谱条件(电离方式和条件、离子源温度、数据采集模式和范围),保存编辑方法。用样品清洗注射器5~10次,每次 $0.2~\mu L \sim 1~\mu L$。在电脑上调用上述编辑好的方法,待色谱及质谱均为"Waiting for Contact Closure"时,从气相色谱进样口进样。点击【Start】键,电脑自动采集数据。

2. 直接进样杆的样品测试:选择【Tune】程序中的直接进样杆控制部分。打开循环冷却用氮气、直接进样杆控制器。将少量样品放入直接进样杆的小试管中;直接进样杆插入直接进样控制器的进样孔,打开球阀;在【Tune】程序中的【Insert/Remove Probe】窗口中观察真空度;当真空度显示小于 50 mTorr 将直接进样杆推到底,点击【Start】键,电脑自动采集数据。样品测试结束后,仪器自动降温;待直接进样杆控制器的温度显示小于 100℃时,拉出直接进样杆,关闭球阀。

（五）数据考察

打开【Xcalibur】主菜单,点击【Qual Browser】,打开所选定的数据文件,可考察色谱图、质谱图、提取离子图、峰的信噪比、积分以及进行谱库检索等。

（六）关机

对质谱仪来说,最好保持一直抽真空,不建议频繁关机。如果质谱仪关机,关机步骤如下:先将离子源的温度设定到 100,在【Tune/instrument】点击【shutdown】,等待离子源温度降到目标值后,仪器会提示可关闭 MS 总电源。等待 GC 上传输线(off)、柱温箱(50度)、进样口温度(off)都降下来。关闭【Tune】窗口,关闭 MS 总电源,最后关闭 GC 总电源,关闭气路。

（七）使用注意事项

1. 仪器每次使用应检查运行是否正常,发现问题要认真记录。若仪器出现较大的波动或故障,应停止采集,检测软件运行情况。如果不能解决,作好故障现象的记录,报仪器负责人,找维修人员进行检查。

2. 微量进样针使用前后都需要用丙酮等溶剂洗净多次,以免沾污样品或样品中的高沸点物质。进样分析时进样针要垂直、迅速插入进样口,进样动作要快、准。进样量一般少于 $2~\mu L$,使用微量进样针注射,浓度太低应浓缩。

3. 使用的溶剂具有易燃性和毒性,仪器室里要保持通风或安装通风设施;在气相色谱背面的柱温箱排气口附近,请勿放置易燃品,以免引起火灾。

4. 在运行过程中若突然断电,应立即关闭仪器上所有开关,等供电恢复后再重新开机。在高温下烘烤色谱柱至少 1 h,再检查是否有残留化合物留在柱中,若有,则再升温烘烤直至干净为止。

参考学时:4 学时。

实验十九 毛细管电泳法测定饮料中苯甲酸的含量

一、目的要求

1. 了解毛细管电泳的基本原理,掌握毛细管电泳仪的操作方法。
2. 熟悉毛细管电泳法测定饮料中苯甲酸(防腐剂)的方法。

二、实验原理

毛细管电泳是以高电场为驱动力,利用在毛细管内荷电粒子的淌度或(和)分配系数不同进行分离的一种电泳技术。相对于其他色谱分析方法而言,由于毛细管电泳具有高效快速、进样体积小、溶剂消耗少和样品预处理简单等优点,现已广泛地用于分离分析领域。毛细管出口端的检测器可以检测到各流出组分的流出时间和光/电信号;确定待测组分的流出时间后,根据该时间点的光/电信号对待测组分进行定量。

苯甲酸是广泛使用在饮料、调味品中的防腐剂,但苯甲酸钠有积蓄中毒现象的报道,使用不当会给人体带来危害,所以其在食品中的添加量有严格规定,其检测工作也极其重要。苯甲酸在紫外区有吸收,可以依据朗伯－比耳定律,利用苯甲酸在波长 225 nm 处的吸收峰面积对其进行定量检测。但由于饮料等食品样品组分复杂,往往需要经过分离才能准确测定。本实验即利用毛细管电泳技术对饮料样品当中的苯甲酸进行分离和定量分析。

三、器材与药品

1. 器材

毛细管电泳仪及相应工作站 毛细管电泳仪配备紫外检测器(190 nm～308 nm) 石英毛细管(内径为 75 μm,总长度 60 cm,有效长度约为 50 cm) 刻度吸管 滤膜(0.45 μm,水系) 5 mL 容量瓶 10 mL 容量瓶

2. 药品

50 mmol·L^{-1}硼砂缓冲溶液 0.1 mol·L^{-1}氢氧化钠溶液 1.0 mg·mL^{-1}苯甲酸钠标准储备液 市售果汁饮料

以上所用试剂均为分析纯,水为蒸馏水。

四、实验步骤

（一）分离条件

1. 分离缓冲液：50 mmol·L^{-1}硼砂溶液，pH＝9.2，经 0.45 μm 的滤膜过滤、脱气。

2. 电泳条件：30 mBar(0.43 psi)压力进样 10 s；工作电压 25 kV；两次进样之间以 0.1 mol·L^{-1}氢氧化钠溶液、蒸馏水、分离缓冲液各冲洗 2 min。毛细管恒温 25℃。

检测器：紫外检测器，波长 254 nm，阴极检测。

（二）绘制苯甲酸钠标准曲线

用刻度吸管分别吸取浓度为 1.0 mg·mL^{-1}苯甲酸钠储备液 0.10 mL、0.20 mL、0.40 mL、0.60 mL、0.80 mL 于 10 mL 容量瓶中，加蒸馏水稀释至刻度，配制浓度为 10 μg·mL^{-1}、20 μg·mL^{-1}、40 μg·mL^{-1}、60 μg·mL^{-1}、80 μg·mL^{-1}的苯甲酸钠系列标准溶液，标准液均经 0.45 μm 的滤膜过滤、脱气。在上述电泳条件下测定不同浓度苯甲酸钠的峰面积。以峰面积为纵坐标，苯甲酸钠浓度为横坐标，绘制标准曲线，进行线性回归，得到该曲线的回归方程。

3. 样品分析

准确移取市售饮料 0.50 mL 于 5 mL 容量瓶中，并以蒸馏水稀释至刻度，经 0.45 μm 的滤膜过滤、脱气，在上述电泳条件下测定饮料中苯甲酸钠的峰面积。重复测定 3 次，计算峰面积的平均值，将峰面积代入回归方程，求得样品溶液中苯甲酸钠的浓度。

五、数据记录与处理

样品溶液中苯甲酸钠的浓度按下式计算：

$$c_x = \frac{cV_0}{V}$$

式中：c_x—— 样品中苯甲酸钠的浓度，μg·mL^{-1}；

c —— 由回归方程求得的苯甲酸钠的浓度，μg·mL^{-1}；

V_0—— 样品定容体积，本实验中为 5.00 mL；

V —— 取样的体积，本实验中为 0.50 mL。

六、注意事项

毛细管电泳仪采用高压电源，因此实验过程需要严格执行操作规程，严禁运行中打开托盘盖，以免造成人身伤害或仪器损坏。

七、思考题

毛细管电泳能否分离不带电荷的物质？

附录 P/ACE MDQ 毛细管电泳仪(图 2-19-1)使用说明

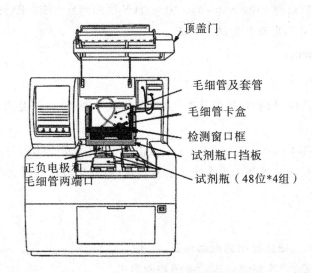

图 2-19-1 毛细管电泳仪示意图

(一)开机

1. 接通电源,打开毛细管电泳仪开关,打开计算机,点击桌面"32 Karat"操作软件图标,点击"DAD"检测器图标,进入毛细管电泳仪控制界面。

2. 将分别装有 $0.1 \ mol \cdot L^{-1}$ 盐酸水溶液、$0.1 \ mol \cdot L^{-1}$ 氢氧化钠水溶液、运行缓冲液、重蒸水的缓冲液瓶依次放入左边缓冲液托盘(Inlet)并记录对应的位置。

3. 将装有运行缓冲液 A 及空的缓冲液瓶放入右边缓冲液托盘(Outlet),记录对应的位置。

4. 将装有待检测样品的缓冲液瓶放入左侧样品托盘,记录对应的位置。

5. 检查卡盘和样品托盘是否正确安装。关好托盘盖,注意直接控制图像屏幕上是否显示卡盘和托盘盖已安装好。此时应能听到制冷剂开始循环的声音。

(二)石英毛细管的处理

1. 在直接控制屏幕上点击压力区域,出现对话框。

2. 设置"Pressure、Duration、Direction、Pressure Type、Tray Positions"等参数。点击"OK",瓶子移到指定的位置,开始冲洗。

(三)编辑方法

1. 先进入"32 Karat"主窗口,用鼠标右键单击所建立的仪器,选择"Open Offline",几秒钟后会打开仪器离机窗口。

2. 从文件菜单选择"File Method New",在方法菜单选择"Method Instrument Setup"进入方法的仪器控制和数据采集模块。选择其中一个为【Initial Condition】(初始条件)的选项

73

卡,进入初始条件对话框。在这个对话框中输入用于仪器开始方法运行的参数。

（四）编辑 sequence

1. 从仪器窗口选择 File/Sequence/New,打开序列向导,按要求选择。

2. 点击"Finish",出现新建的序列表。

3. 另存 Sequence。

（五）系统运行

1. 在系统运行前,检查仪器的状态:检测器配置是否正确;灯是否点着;样品和缓冲液放置是否正确。

2. 从菜单选择 Control/Single Run 或点击图标,打开单个运行对话框。

3. 在仪器窗口的工具条上点击绿色的双箭头,打开运行序列对话框进行检测。

（六）关机

1. 关闭氘灯。

2. 点击"Load",使托盘回到原始位置。

3. 打开托盘盖,待冷凝液回流后关闭控制界面。

4. 关闭毛细管电泳仪开关,关闭计算机,切断电源。

参考学时:4 学时。

实验二十　X 射线衍射法测定物相及衍射峰宽化法测定晶体的平均粒径

一、目的要求

1. 掌握利用衍射峰半高宽测定晶体平均粒径的方法。

2. 熟悉 X 射线衍射法测定物相的基本原理。

3. 了解衍射实验的样品处理及制样。

4. 了解利用 JCPDS 卡片库进行物相检索的原理和方法。

二、实验原理

1. X 射线衍射法测定物相

当一束单色 X 射线入射到晶体中时,不同原子散射的 X 射线相互干涉,在某些特殊方向上产生强 X 射线衍射,所得到的图谱称为衍射图。衍射方向取决于晶体微观结构的类型(晶胞类型)及其基本尺寸(晶面间距、晶胞参数等);而衍射强度取决于晶体中各组成原子的元素种类及其分布排列的坐标。衍射线空间方位与晶体结构的关系可以用布拉格方程表示:

$$2d\sin\theta = n\lambda$$

式中，d 为晶面间距；n 为反射级数；θ 为掠射角；λ 为 X 射线的波长。布拉格方程是 X 射线衍射分析的依据。

没有任何两种物质的晶胞大小、质点种类及其排列方式是完全一致的，因此每种晶体的结构与其 X 射线衍射图之间都有一一对应关系，其特征可用各个衍射晶面间距 d 和衍射线的相对强度（I/I_0）来表征。其中，晶面间距 d 与晶胞的形状和大小有关，相对强度则与质点的种类及其在晶胞中的位置有关。特征 X 射线衍射图谱不会因为与其他物质混聚而产生变化，因而可根据衍射线的位置、强度及数量来鉴定结晶物质的物相，此即 X 射线衍射物相分析。

2. X 射线粉末线条宽化法测定晶体的平均粒径

固体材料中存在着大量的小晶粒聚集体，这些固体材料的性能与构成材料的晶粒大小关系十分密切，因此晶粒尺寸的大小是材料研究中不可缺少的重要参数之一。测定晶粒大小的方法有多种，如沉降分析、光散射、电子显微镜、X 射线粉末线条宽化法等。X 射线粉末线条宽化法测定晶粒大小的原理如下：

当晶粒 $\leqslant 10^{-5}$ cm 时，所产生的 X 射线衍射峰会发生宽化、趋于弥散，晶粒越小，衍射线宽化幅度越大，这就是粉末衍射线条宽化法测定晶粒大小的依据。德拜－谢乐公式是由德国著名化学家德拜和他的研究生谢乐首先提出的、描述衍射线宽化程度与晶粒大小的关系式：

$$D = K\lambda/\beta cos\theta$$

式中：D —— 垂直于"反射"晶面方向晶粒的平均线度，设有 m 个晶面，间距为 d，则 $D = md$；K —— 晶体的形状因子，也称谢乐常数，它与晶体的形状、晶面指数、β 及 D 的单位有关，当 β 的单位是弧度、D 的单位是 Å 时，K 值约为 1，一般情况下取 $K = 0.89$；λ —— 入射 X 射线的波长，单位为 Å；β —— 由于晶粒太小而引起衍射线条变宽时衍射峰的半高宽或积分宽度；θ —— 衍射角。

根据上述公式，如果通过实验测定出了 β 值，就可以计算出在垂直于反射晶面方向上晶粒的平均大小即 D 值。从衍射图上直接测定的衍射线的"半高宽"（或者积分宽）β_0 与样品本身和仪器均有关系，需要对其进行校正。

三、器材与药品

1. 器材

X 射线衍射仪　玛瑙研钵　药匙　平板玻璃　样品板

2. 药品

待测固体未知样品

四、实验步骤

1. 样品准备

将样品在玛瑙研钵中研细。将样品板擦拭干净放在玻璃板上，有孔一面朝上，将粉末加到样品板孔中，略高于样品板，用另一玻片将样品压平、压实，除去多余样品粉末。

将样品板插入衍射仪的样品台,并对准中线。

2. X射线衍射仪操作条件

X射线:Cu靶的K_a辐射;工作电压:40 kV;工作电流:40 mA;发散狭缝:1°;防散射狭缝:2°;接受狭缝:6.6 mm;索拉狭缝:4 mm;光罩:10 mm;分析范围:5°~70°。

按上述条件启动X射线衍射仪,得到粉末衍射图。

五、数据记录与处理

1. 物相分析

首先进行寻峰,找出主要的衍射峰。利用计算机自动在图谱库中搜寻匹配,直到查询到吻合程度较高的物相。或者利用每个衍射峰的2θ值计算求出对应的面间距d值,按其相对强度I/I_0的大小列表,据此查索引与ASTM卡片对照,进行物相确定。

2. 平均粒径的计算

选取图谱中对称性较好的衍射峰或其他晶面组对应的衍射峰,利用计算机给出或自行量取的半高宽数值代入德拜—谢乐公式,计算出该组晶面所对应的晶粒的平均粒径值,单位为Å。

六、注意事项

1. X射线能量非常大,穿透性很强,对人体有害,却又是肉眼无法看见的,所以操作者必须十分小心。

2. 使用前必须认真阅读"仪器使用注意事项",仔细操作。

七、思考题

1. 为什么晶面间距值d和相对强度值I/I_0能作为物相分析的依据?

2. 为什么衍射样品要研磨细才可以进行检测?

附录　X'Pert PRO X射线衍射仪(图2-20-1)使用说明

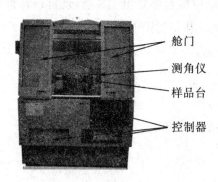

图2-20-1　X射线衍射仪

(一)操作步骤

1. 打开电脑和打印机电源。

2. 接通冷却水装置电源,打开循环冷却水主机开关,调节冷却水流量为 4.5 L·min^{-1},水温为 25℃。

3. 接通稳压电源输入端电路,当听到"嘀"的报警声后按下面板上的红色按钮,待输出电压和电流及频率稳定在 220 V、0.5 A、50 Hz 时,打开稳压电源的输出开关,向衍射仪主机送电。

4. 按下衍射仪主机上的 Power 键,打开主机。

5. 主机自检结束后,此时稳压电源输出显示 220 V、0.8 A、50 Hz,扭动高压开关钥匙,接通高压发生器。

6. 当主机面板电压和电流显示 30 kV、10 mA 时,打开电脑,进入工作站,用鼠标点击 instrument 下拉菜单中 connect 选项与衍射仪主机进行通讯。

7. 通讯完成后,打开窗口,双击进行灯管老化。

8. 将待测样品放入研钵中研磨后过 200 目筛网,取适量放入样品片的凹槽中,用载玻片压实、压平并充满整个凹槽,凹槽外多余的样品用载玻片刮除回收。若样品量太少不足以充满整个凹槽,就将样品尽量分布在凹槽中间的区域。

9. 灯管老化完成后,此时面板显示电压、电流为 40 kV、10 mA,打开仪器门,将压制好的样品片放置于样品台相应位置,用弹簧夹固定好。

10. 选择好实验所需的入射狭缝、光罩、防散射狭缝、接收狭缝、索拉狭缝,安装到各自相应的位置。

11. 进入测定程序,选取连续扫描,选取扫描范围 10°～70°。

12. 将电流依次调节为 20 mA、30 mA,最后定在 40 mA,设定扫描文件名和存储文件夹位置后开始扫描。

13. 扫描结束后,将下一个样品片放在样品台上,进行下一个样品的测试。

14. 测定完所有样品后,先将灯管电流逐渐降低,(30 mA 3 min,20 mA 3 min,10 mA 3 min,最后降到 5 mA),再将灯管电压逐渐降低(30 kV 3 min,20 kV 3 min,最后降至 15 kV)。

15. 断开计算机与衍射仪主机的通讯,关闭高压发生器开关,先后关闭稳压电源的输出和输入开关,关闭循环冷却水装置。

16. 退出数据采集程序。

(二)图谱解析

1. 物相分析

(1)进入数据分析程序(X'Pert HighScore Plus),找到扫描过后保存的文件,并打开。

(2)首先进行寻峰,找出相应的衍射峰。

(3)用鼠标点击窗口下方的 IdeAll,计算机自动在图谱库中搜寻,并将相应选项列表于窗口右侧,根据实际情况进行取舍。

(4)若计算机所选物相与实际掌握情况相差较大,可点击下方 Retrieve Patterns by

Restrictions 选项后,打开元素周期表,选取样品中已知的相关元素,再次进行搜索,直到查询到吻合程度较高的物相。

(5) 将图谱解析结果打印出来。

2. 平均粒径

(1) 打开 X'Pert Data Viewer 软件,从 File 下拉菜单中打开将要计算粒径的图谱文件。

(2) 选取图谱中对称性较好的衍射峰(每一个衍射峰对应一组晶面,也可根据需要选取其他晶面组对应的衍射峰),点击鼠标右键,在打开的窗口中选取 Peak Parameters,此时计算机可给出该峰的位置、强度和半高宽数值。

(3) 在 HighScore Plus 软件窗口中点击 Tools,在下拉菜单中选取 Scherrer Calculator 选项。

(4) 在打开的表格中填入相应的衍射峰位置、半高宽及校正因子(B std[2Th])项,本仪器的校正因子选取 0.04,软件可自动计算出该组晶面所对应的晶粒的平均粒径值,单位为 Å。

参考学时:4 学时。

第三章
综合性实验

实验二十一 饮料中合成色素的测定

一、目的要求

1. 掌握薄层色谱法分离、鉴定有机色素的实验操作技术。
2. 熟悉饮料中合成色素的分离、提取及提纯方法。
3. 了解饮料中合成色素的定性及定量分析的实验方法。

二、实验原理

食用色素分为食用天然色素和食用合成色素,常用的食用合成色素有柠檬黄、靛蓝、亮蓝、苋菜红、胭脂红等。在酸性条件下,聚酰胺粉能吸附食用色素(但对天然色素和合成色素的吸附能力不同),可用甲醇－甲酸溶液先将天然色素洗脱,再在碱性条件下,将合成色素解吸。用薄层色谱法分离合成色素,比较合成色素标准品与样品中合成色素的比移值(R_f),进行定性分析;再通过分光光度法测定色素的吸光度,进行定量分析。

三、器材与药品

1. 器材

V 5000 分光光度计　烘箱　电子天平　G3 垂熔漏斗　2 μL 微量注射器　研钵　层析槽　5 cm×20 cm 玻璃板　砂芯漏斗　抽滤瓶　真空泵　干燥器　电热套　台秤　1 mL 刻度吸管　2 mL 刻度吸管　5 mL 刻度吸管　100℃温度计　50 mL 量筒　50 mL 容量瓶　10 mL 容量瓶　蒸发皿　100 mL 烧杯　250 mL 烧杯　50 mL 移液管　100 mL 移液管　坐标纸　吸水纸　称量纸　滤纸　铅笔　直尺

2. 药品

聚酰胺粉(200 目)　20％柠檬酸溶液　硅胶 G　可溶性淀粉　酒精棉球　甲醇－甲酸混合液($V_{甲醇}$:$V_{甲酸}$=6:4)　展开剂 I($V_{25g/L柠檬酸钠}$:$V_{氨水}$:$V_{乙醇}$=8:1:2)　展开剂 II($V_{甲醇}$:$V_{氨水}$:$V_{乙醇}$=5:1:10)　展开剂 III($V_{甲醇}$:$V_{乙二胺}$:$V_{氨水}$=10:3:2)　果汁　汽水　配制酒类　沸石　红色石蕊试纸　pH 试纸

0.10 mg·mL^{-1}各种合成色素的标准溶液:分别准确称取按其纯度折算为 100％质量的柠檬黄、靛蓝、亮蓝、苋菜红、胭脂红各 0.010 0 g,分别置于 100 mL 容量瓶中,用 pH

=6 的柠檬酸溶液定容。

乙醇－氨溶液：取 1 mL 的氨水，加 70％的乙醇溶液至 100 mL。

四、实验步骤

（一）样品处理

1. 果汁、汽水类　准确吸取 50.00 mL 果汁或汽水于 100 mL 烧杯中，若样品中含 CO_2，需加热除去。

2. 配制酒类　准确吸取 100.00 mL 酒类样品于 250 mL 烧杯中，加入几粒沸石，加热，使乙醇挥发。

（二）吸附与分离

1. 吸附

将上述样品溶液加热至 70℃，加入 0.5 g～1 g 聚酰胺粉，充分搅拌、混匀，用 20％柠檬酸溶液调至 pH＝4，使色素完全被吸附。如果溶液仍有颜色，可再加入适量的聚酰胺粉。

2. 洗涤

将吸附色素后的聚酰胺全部移入 G3 垂熔漏斗中，过滤（可用水泵抽滤）。用 70℃ pH＝4 的柠檬酸溶液反复洗涤，每次 20 mL，边洗边搅拌。如果含有天然色素，再用 6∶4 的甲醇－甲酸溶液洗涤沉淀物 1～3 次，每次 20 mL，以除去天然色素，洗至过滤下来的溶液呈无色。再用 70℃ 热水多次洗涤，直至流出的溶液为中性。洗涤过程中应充分搅拌。

3. 解吸

用乙醇－氨溶液分次解吸全部合成色素，收集所有解吸液，置 70℃～80℃ 水浴中加热，待氨气全部逸出后（用湿润的红色石蕊试纸检验），加入 3 滴 20％柠檬酸溶液使色素稳定，再用蒸馏水稀释至 50 mL，供薄层点样用。单一色素直接比色；多种色素要先分离、再定性、后定量。

（三）薄层层析法定性

1. 薄层板的制备

取干净玻璃板一块，用酒精棉球擦拭干净，晾干。分别称取 1.6 g 聚酰胺粉、0.1 g 可溶性淀粉和 2.0 g 硅胶 G，置于研钵中，加 15 mL 蒸馏水，研匀，立即均匀地涂在玻璃板上，涂布厚度为 0.25 mm～0.3 mm。

同法，再制备 2 块薄层板。将薄层板室温下晾干，80℃ 干燥 1 h，再凉至室温，依次编号 1、2、3，置干燥器中，备用。

2. 点样

取 1 号聚酰胺薄层板，在距离薄层板一端 2 cm 处，用铅笔轻轻画一点样线，在点样板的左边点 2 μL 合成色素柠檬黄标准溶液。准确吸取 0.5 mL 样液，从左到右点成与底边平行的条状。同法，在另外 2 块薄层板上，分别点样其他合成色素标准溶液和样液。

3. 展开

取展开剂 I 适量,倒入层析槽中,液层高度约 0.5 cm～1.0 cm。放入 1 号薄层板,待柠檬黄分离后,取出,晾干,计算 R_f 值;与标准色斑比较,如果 R_f 相同,则为同一色素。

同法,取展开剂 II 和展开剂 III,分别用来分离靛蓝、亮蓝以及苋菜红、胭脂红,计算其 R_f 值;与标准色斑比较,判断为哪种色素。

(四)分光光度法定量

1. 样品溶液的制备

用小刀将柠檬黄的色斑刮下,置于砂芯漏斗中,用乙醇－氨溶液解吸抽滤(至解吸液无色为止)。收集解吸液于蒸发皿中,在水浴上加热挥发除去氨,移入 10 mL 容量瓶中,用蒸馏水稀释至刻度,定容,备用。同法,制得其他合成色素的样品溶液。

2. 标准曲线绘制及样品测定

(1)各合成色素标准溶液的配制:准确吸取柠檬黄(或苋菜红、胭脂红)标准使用液 0.00 mL、1.00 mL、2.00 mL、3.00 mL、4.00 mL,5.00 mL 分别置于 6 个 10 mL 容量瓶中,分别用蒸馏水稀释至刻度。准确吸取 0.00 mL、0.20 mL、0.40 mL、0.60 mL、0.80 mL、1.00 mL 靛蓝、亮蓝色素标准使用液,分别置于 10 mL 容量瓶中,加蒸馏水稀释至刻度。

(2)测定:将配制好的合成色素标准溶液用分光光度计分别测定其吸光度(仪器使用见实验四),绘制标准曲线(最大吸收波长:柠檬黄 430 nm,靛蓝 620 nm,亮蓝 627 nm,苋菜红 520 nm,胭脂红 510 nm)。同等条件下,上机测定各个样品溶液。

3. 结果计算

$$X = \frac{m_1 \times 1\,000}{m \times \dfrac{V_2}{V_1} \times 1\,000}$$

式中:X—样品中色素的含量,$g \cdot kg^{-1}$;

m_1—测定用样液中色素的质量,mg;

m—样品的质量(或体积),g;

V_1—样品解吸后的总体积,mL;

V_2—样液点板的体积,mL。

五、数据记录与处理

根据测得的样品吸光度,得出测定样液中各色素的浓度,进而根据公式,计算出样品中各色素的含量。

六、注意事项

1. 样品的前处理和提纯过程很重要,应充分除去干扰物质(如糖类和蜜饯类中的油脂、蛋白质、淀粉等),以免影响吸附及层析效果。

一般能溶解在水中的物质(如食盐、糖、味精、香精等),用酸溶液洗涤聚酰胺粉能除去;明胶、果胶通过大量水可除去;油脂类用丙酮或石油醚洗涤脱脂,若油脂含量很高,可在研钵中用丙酮加适量洁净海沙研磨除去;样品中蛋白质、淀粉含量高时,可以用蛋白酶或钨酸钠、淀粉酶水解后除去;天然色素可用甲醇—甲酸(6∶4)混合溶液除去。

2. 聚酰胺粉使用前,要求预先活化,60℃活化 1 h。

3. 聚酰胺粉可回收使用。将使用过的聚酰胺粉收集于干净烧杯中,加 0.5%NaOH 溶液浸泡 24 h,用水泵抽干,倒回烧杯中,加 0.1 mol·L^{-1}盐酸浸泡 30 min,再抽干,水洗至中性,60℃~80℃烘干,备用。

4. 靛蓝褪色受光、氧、温度、pH 等多种因素的影响,颜色由深蓝色→浅蓝色→黄色→无色。测定靛蓝时,要注意上述影响因素。

七、思考题

1. 制备薄层板时,涂布厚度对样品展开有什么影响?

2. 影响 R_f 值的主要因素有哪些?

3. 为什么展开剂的液面要低于样品斑点?

参考学时:8 学时。

实验二十二　槐米中总黄酮的含量测定

一、目的要求

1. 掌握用分光光度法测定槐米中总黄酮含量的基本原理和方法。

2. 熟悉用标准曲线法进行定量测定。

3. 了解紫外－可见分光光度计的基本结构、性能及操作方法。

二、实验原理

槐米为豆科植物槐(Sophora japonica L.)的花蕾。槐米中含有多种黄酮类物质,如芦丁、槲皮素等。黄酮类化合物具有抗氧化、抗肿瘤、抗炎、抗病毒、防治心脑血管疾病等活性,具有广阔的应用前景。

黄酮类是两个苯环通过三碳链连接形成的一类化合物的总称。结构见图 3-22-1。由于黄酮类化合物分子中含有苯环骨架及不饱和双键,故在紫外光谱区有特征吸收。

芦丁为浅黄色粉末或极细的针状结晶,含有三分子的结晶水,结构式见图 3-22-2。溶于热乙醇和碱水中,不溶于冷水和酸水,在热水中微溶。

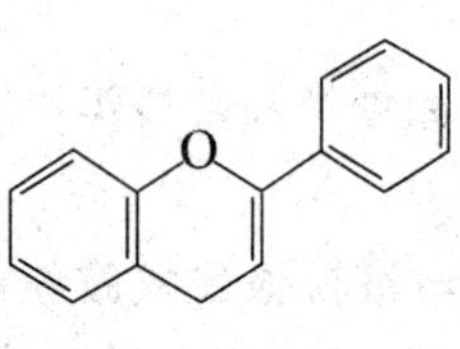

图 3-22-1　黄酮结构示意图 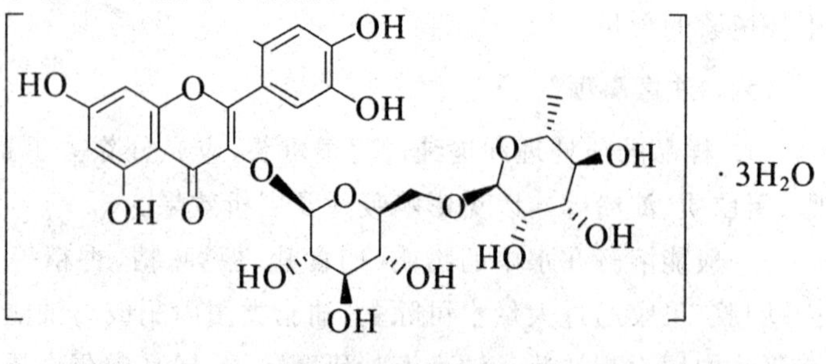　　图 3-22-2　芦丁的结构式

对于槐米提取物中总黄酮含量的测定,传统采用分光光度法、一阶导数分光光度法、高效液相色谱法、偶氮显色反应和荧光法等。其中分光光度法简单易行,对设备要求低,是最常用的测定方法,并且是被药典所采用的总黄酮测定方法。这种方法以硝酸铝、亚硝酸钠为显色剂,利用其与黄酮类物质生成的黄色铝螯合物,在 500 nm 波长附近测定其吸光度,并以芦丁为标准品进行对照,从而得到待测物质的总黄酮含量。

本实验采用标准曲线法测定槐米中总黄酮含量。测定时以芦丁标准系列溶液的浓度为横坐标,以其对应的吸光度为纵坐标,绘制一条通过原点的直线,由相同的条件下测得的试样溶液的吸光度即可求出溶液中黄酮的浓度,进而可以计算槐米中总黄酮的含量。

三、器材与药品

1. 器材

恒温水浴锅　循环水式多用真空泵　集热式磁力搅拌器　电子分析天平(0.000 1 g)　紫外－可见分光光度计及配套比色皿　烧杯(50 mL,500 mL)　容量瓶(50 mL,100 mL)　移液管(1 mL,2 mL,5 mL,10 mL,15 mL,20 mL,25 mL)　抽滤瓶(500 mL)　布氏漏斗　短颈圆底烧瓶(500 mL)　球形冷凝管　玻璃棒　吹洗瓶　胶头滴管　搅拌子　乳胶管　定性滤纸　广泛 pH 试纸　擦镜纸

2. 药品

槐米　芦丁标准品　5％亚硝酸钠溶液　10％硝酸铝溶液　60％乙醇溶液1.0 mol·L^{-1}的氢氧化钠溶液　浓盐酸　2％的硫酸溶液　饱和石灰水　去离子水

饱和石灰水的配制:取过量的氢氧化钙,用去离子水溶解(下面有不溶的氢氧化钙),密封,静止过夜,取上面的澄清液。

四、实验步骤

1. 芦丁对照溶液的配制

准确称取 10.0 mg 芦丁标准品于 100 mL 烧杯中,加适量蒸馏水,水浴加热使其完全溶解,将溶液冷却至室温后,转移至 100 mL 容量瓶中,将所用烧杯用少量蒸馏水洗涤三次,洗涤液全部转移入容量瓶中,定容,摇匀,得浓度为 0.100 0 mg·mL^{-1} 的芦丁标准液。

2. 测定波长的确定

移取芦丁对照品溶液 5.00 mL,置 50 mL 容量瓶中,加 60％的乙醇溶液 25 mL,加5％的亚硝酸钠溶液 1.50 mL,摇匀,放置 6 min;最后加 10％的硝酸铝溶液1.50 mL,摇匀,放置 6 min;最后加 1.0 mol·L^{-1}的氢氧化钠溶液 20.00 mL,用水稀释至刻度,放置20 min,在 200 nm～800 nm 波长范围内扫描,确定最大吸收波长。

3. 标准曲线的绘制

用移液管准确吸取 5.00 mL、10.00 mL、15.00 mL、20.00 mL、25.00 mL 的芦丁标准液分别置于 50 mL 的容量瓶中,加 60％的乙醇溶液 20 mL,各加 5％的亚硝酸钠溶液

1.50 mL,摇匀,放置 6 min;再各加 10％的硝酸铝溶液 1.50 mL,摇匀,放置 6 min;最后各加 1 mol·L^{-1} 的氢氧化钠溶液 20.00 mL,用水稀释至刻度,放置 20 min,分别在最大吸收波长处测定吸光度。以吸光度 A 对浓度 c（mg·mL^{-1}）进行线性回归。

4．槐米中总黄酮的提取

称取槐米约 20 g,置烧杯中,加 200 mL 水,煮沸;60℃水浴,加入饱和石灰水至 pH＝10,保持 30 min;抽滤得滤液;滤液在 60℃条件下,用浓盐酸调至 pH＝4,放置 1 h,抽滤;沉淀物水洗至中性,60℃干燥,得芦丁粗品。

粗品以体积比 1：200 加入水,沸水回流 30 min,趁热抽滤;滤液放冷析出沉淀,放置 3 h;70℃干燥沉淀,得芦丁纯品。

5．槐米中总黄酮的测定

准确称取 10.0 mg±0.1 mg 获得的芦丁纯品到烧杯中,按对照品溶液的配制方法,配制样品溶液。精密移取 5.00 mL 样品溶液至 50 mL 容量瓶中,添加 60％乙醇溶液 20 mL,按标准溶液的制备方法,依次加入 5％亚硝酸钠溶液、10％硝酸铝溶液和 1.0 mol·L^{-1} 的氢氧化钠溶液,定容,静置 20 min,在最大吸收波长处测定吸光度。

五、数据记录与处理

1．将实验数据记录在下表中。

溶液浓度 c（mg·mL^{-1}）	标准溶液系列	提取的芦丁溶液
吸光度 A		

2．绘制 $A-c$ 图,并进行线性拟合,得到标准曲线。

3．根据标准曲线求得提取的芦丁溶液的浓度,并计算槐米中芦丁的含量。

六、注意事项

1．称量范围应为所需称量试样质量的±10％。

2．测定吸光度的顺序应该是由稀到浓,以减少测量误差。

3．为使比色皿中测定溶液与原溶液的浓度一致,需用原溶液荡洗比色皿 2～3 次。

4．比色皿内所盛溶液以略超过皿高的 2/3 为宜。过满溶液可能溢出,使仪器受损。使用后应立即取出比色皿,并用自来水及蒸馏水洗净,倒立晾干。

5．清洗比色皿一般用水荡洗,如被有机物玷污,宜用 HCl—乙醇（1：2）浸泡片刻,再用水冲洗,不能用碱液或强氧化性洗液清洗。切忌用毛刷刷洗,以免损伤比色皿。

6．紫外分光光度计在不测定时,应随时打开暗盖箱,以保护光电管。

七、思考题

1．黄酮溶液中加入硝酸铝、亚硝酸钠和氢氧化钠分别有什么作用?

2．配制好的溶液为什么放置 20 min 后才进行吸光度测定?

3．槐米中的总黄酮为什么能采用碱提酸沉法进行提取?

附录　UV8000 紫外－可见分光光度计(图 3-22-3)使用说明

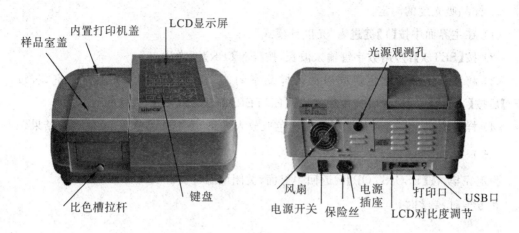

图 3-22-3　UV8000 紫外－可见分光光度计示意图

(一)开机

1. 打开电源开关,仪器预热 15 min(注意:仪器会自动自检并初始化,按任意键可跳过)。

2. 待屏幕最底行显示"重新校刻系统?",选"是"进行仪器校准。待校准完毕后三声鸣叫,进入主界面。

(二)测定基本操作

1. 光谱扫描

(1)主界面中按【3】直接进入"光谱扫描"。

(2)按【F1】设置扫描参数,包括扫描的开始波长、结束波长、扫描间隔和扫描速度。

(3)按【F2】选择吸光度模式。

(4)将盛有参比液的比色皿放入两个光路后,按【ZERO】键调空白建立基线。

(5)将待测样品放入主光路后,按【START】键进行样品扫描,扫描结束蜂鸣三声。

(6)按【F3】键,按【∧】从左到右逐点进行峰值检索,检索数据显示在显示屏的第一行。

2. 绘制工作曲线

(1)在主界面中按【2】键进入"定量测量"。

(2)按【F1】键选择浓度单位。

(3)按【SET λ】键选择校正方法"单波长法"。

(4)按【F2】键进入拟合"曲线界面",按【F1】选择拟合方法"一阶线性拟合"。

(5)按【F3】键可以通过测试一组标准样品建立一条标准曲线。

① 用数字键直接输入标准溶液的浓度值。

② 将盛有参比液的比色皿分别放入两个光路后按【ZERO】,仪器在选定的波长处调空白。

③ 将各标准样品逐个放入主光路按【START】键一步一步测得标样的吸光度值。

④ 按【F4】键可以画出曲线。

3. 样品吸光度的测定。

(1) 在主界面中按【1】键进入"光度计模式"。

(2) 按【SET λ】键,用数字键输入波长,按【ENTER】键确认。

(3) 将盛参比液的比色皿同时放入样品室的两个比色皿架上,关上样品室盖,按【F2】后按【∧】或【∨】选择吸光度模式,按【ENTER】确认,按【ZERO】校准空白。

(4) 样品测定。将盛有待测样品的比色皿放入光路,关上样品室盖,读取实验结果。

（三）关机

测定完毕,按【ESC/STOP】键返回主界面,关闭电源开关。

参考学时:4 学时。

实验二十三　薄层扫描法测定槐米中芦丁和槲皮素的含量

一、目的要求

1. 掌握薄层板的铺板、活化、点样、展开、显色的流程。

2. 熟悉薄层扫描仪的工作原理及使用。

二、实验原理

薄层扫描法(quantitation by TLC scanning)是用薄层扫描仪,以一定波长和强度的光束照射薄层色谱板上被分离组分的斑点,测定其对光的吸收强度或所发出的荧光强度。由于光束强度的变化与薄层板上斑点的颜色深浅、大小有关,所以可精确地求得物质的含量。

三、器材与药品

1. 器材

CS—9301型双波长飞点薄层扫描仪　电子天平　烘箱　层析缸　粉碎机　研钵
索氏提取器　60目筛　微量进样器　10 cm×20 cm薄层板　干燥器　铅笔　10 mL 容量瓶　25 mL 容量瓶　直尺

2. 药品

槐米粉末　芦丁对照品　槲皮素对照品　硅胶 GF_{254}　展开剂 I($V_{乙酸乙酯}$：$V_{甲酸}$：$V_{水}$ =5：1：2,取上层,用于芦丁的检测)　展开剂II($V_{乙酸乙酯}$：$V_{甲酸}$：$V_{水}$：$V_{苯}$ =7：1：1：7,取上层,用于槲皮素的检测)　甲醇

四、实验步骤

1. 制备薄层板

取适量硅胶 GF$_{254}$，加水研磨、调匀，使之形成似滴非滴的黏液，均匀涂布于 2 块洁净的薄层板上，晾干，置烘箱中，于 105℃～110℃活化 30 min，取出，晾至室温，编号 1、2，置于干燥器中，备用。

2. 配制对照品溶液

称取芦丁对照品约 10 mg，粉碎过 60 目筛，60℃恒重 2 小时，准确称重，用甲醇溶解并定容于 10 mL 容量瓶中。称取槲皮素对照品约 10 mg，同法处理，定容于 10 mL 容量瓶中。

3. 制备样品溶液

准确称取干燥至恒重的槐米粉末 0.1 g～0.2 g，加甲醇适量，冷浸过夜。用索氏提取器回流至无色，回收甲醇，将浓缩液用甲醇定容于 25 mL 容量瓶中。

4. 点样

取 1 号薄层板，在距离薄层板一端 2 cm 处，用铅笔轻画一点样线，在点样线上轻点 6 个点（点间距离约为 1.5 cm）。用微量进样器分别吸取 2 μL、4 μL、6 μL、8 μL、10 μL 芦丁对照液和 6 μL 样品溶液，在 6 个点上分别点样。另取 2 号薄层板，同法用槲皮素对照液 2 μL、4 μL、6 μL、8 μL、10 μL 和样品溶液 6 μL 点样。

5. 展开

在 2 个层析缸内分别加入展开剂Ⅰ和展开剂Ⅱ，液面深度约 5 mm～7 mm，将上述 2 块薄层板下端分别浸入展开剂内（样点不得浸入）约 5 mm，迅速加盖进行展开，待展开剂上升至 10 cm 时，取出薄层板，自然晾干。

6. 扫描条件设置

双波长反射法锯齿扫描，芦丁 $\lambda_s = 370$ nm，$\lambda_R = 450$ nm；槲皮素 $\lambda_s = 380$ nm，$\lambda_R = 500$ nm，散射参数 $S_x = 7$。

7. 定量扫描

将展开后的 2 块薄层板分别用干净的玻璃板盖上并固定，置于 CS-9301 型双波长飞点薄层扫描仪的样品台上，进行斑点的薄层扫描，测定各斑点的峰面积。

五、数据记录与处理

以点样浓度为横坐标，测得的斑点峰面积为纵坐标，分别绘制芦丁和槲皮素的标准曲线。根据样品斑点的峰面积，得出样品中芦丁和槲皮素的含量。

六、注意事项

1. 先打开主机开关，待主机自检完毕，方可进入 CS-9301 程序，否则会出现 No analyzer response（Error 345），出现该种情况时，只能按关机程序关机，待 2 分钟后，再按开机程序开机。

2. 移动光源转换杆时，应快速、到位，否则易造成线路损坏。

3．铺板时要均匀铺平,否则扫描的基线会不平整,造成数据误差。

4．点样量要准确,样点直径越小越好。微量进样器内不得有气泡。点样时,斑点的大小及间隔尽量一致。点样后,待样点溶剂挥发后,再展开。

5．样品扫描的时间间隔不宜太长,否则会由于氧化等原因导致测试结果的误差。

七、思考题

1．影响薄层扫描定量的因素有哪些?

2．薄层法测定含量时,对点样量有何要求? 为什么?

附录　CS-9301 型双波长飞点薄层扫描仪(图 3-23-1)使用说明

样品室

图 3-23-1　CS-9301 型双波长飞点薄层扫描仪

1．开机

(1)接通电源,打开仪器主机开关、计算机及打印机开关,计算机进入 Windows 界面。

(2)双击"CS-9301"图标,仪器通过自检进入主菜单界面。

2．扫描条件的选择

(1)光源的选择

按实验所要求的波长范围选择光源,移动主机上的光源转换杆到合适的位置上。

(2)扫描方式的选择

单击菜单上的【Scanner】,从下拉菜单中选择 Parameters→单击【Change】,从下拉菜单中选择 Control parameters→从出现的对话框中选出 Photo mode,从中选出适当的扫描方式。

(3)光谱扫描,确定样品的测定波长

① 打开主机上盖,放入薄层板,进行光谱扫描→通过主机面板上的方向键将光标移至待测斑点中心→单击主菜单上的【Scanner】,从下拉菜单中选择 Spectrum Scan→从出现的对话框中选择 CH1,得到样品斑点光谱图。

② 通过主机面板上的方向键,将光标移至待测斑点上方的空白处→单击主菜单上的【Scanner】,从下拉菜单中选择 Spectrum Scan→从出现的对话框中选择 CH2,得到背景光谱图。

③ 从出现的对话框中进行选择:"A"栏中选择 Calculation→【Operation】栏中选择【Minus】→"B"栏中选择【CH2】→ "C" 栏中选择【CH3】→直接从通道 3(CH3)中所显示

的图谱选出最佳测定波长(Sample wave)及参比波长(Reference wave)的位置,将鼠标移至该处单击右键,横坐标上即可显示该处的吸收波长。

3. 薄层板的双波长锯齿扫描

将薄层板置于主机样品台上,通过主机面板上的方向键,将光标移至待测斑点上方,单击主菜单上的【Scanner】,从下拉菜单中选择 Parameters,出现对话框,单击【Change】,从下拉菜单中选择 Control parameters,从出现的对话框中选择 Lambda 栏为 Dual wavelength,Scan mode 栏为 Zigzag,按【OK】键,出现对话框,选择 Beam size 栏为"70.4×0.4",从该对话框中的 Dual wavelength 栏输入扫描波长,返回主菜单,单击右下角的【Start】,开始扫描,单击右上角的【Stop】,结束扫描,并储存扫描图谱。

4. 关机

取出薄层板,退出 CS-9301 程序,回到 Windows 界面,依次关闭主机开关、打印机及计算机。

参考学时:4 学时。

实验二十四　紫外分光光度法测定饮料中的苯甲酸

一、目的要求

1. 掌握吸收曲线的测定及选择最大吸收波长的方法。
2. 掌握标准曲线法测定苯甲酸的含量。
3. 熟悉紫外分光光度计的使用方法。

二、实验原理

紫外分光光度法主要用于有机化合物的定性和定量分析。很多有机物及衍生物在紫外光区有强的吸收光谱,可以根据图谱鉴定有机化合物。当被测物质对光的吸收符合朗伯-比尔定律时,可用标准曲线法对未知样品进行定量分析。

苯甲酸是常用的食品防腐剂,由于其在紫外光区有较强的吸收,因此可采用紫外分光光度法进行测定。将样品加入到饱和氯化钠溶液中,在酸性条件下经乙醚萃取,使苯甲酸进入有机层,其吸收光谱的最大吸收波长在 225 nm 左右。

三、器材与药品

1. 器材

紫外分光光度计　50 mL 容量瓶　100 mL 容量瓶　125 mL 分液漏斗　5 mL 移液管　滴管　电子天平

2. 药品

$0.01\ mol \cdot L^{-1}$ 氢氧化钠溶液　1∶1 盐酸溶液　饱和氯化钠溶液　乙醚(AR)

0.5 mg·L⁻¹苯甲酸标准储备液:精确称取分析纯苯甲酸 0.050 0 g(预先经 105℃烘干),用 0.01 mol·L⁻¹氢氧化钠溶液溶解后转移至 100 mL 容量瓶,然后稀释至刻度,摇匀备用。

0.05 mg·L⁻¹苯甲酸标准应用液:吸取以上储备液 5.00 mL,转移至 50 mL 容量瓶,用蒸馏水稀释至刻度,摇匀备用。

四、实验步骤

1. 苯甲酸吸收曲线的绘制

准确吸取苯甲酸标准应用液 3.00 mL,置于 125 mL 分液漏斗中,加入 20 mL 饱和氯化钠溶液、10 mL 1∶1 的盐酸溶液和 25 mL 乙醚。充分振荡 5 min,静置分层后弃去无机层。

以试剂空白做参比,在 210 nm~400 nm 波长范围内扫描苯甲酸的吸收曲线,找出最大吸收波长。

2. 苯甲酸标准曲线的绘制

准确吸取苯甲酸标准应用液 1.00、2.00、3.00、4.00、5.00 mL,分别置于 125 mL 分液漏斗中,其他操作同步骤 1,以试剂空白作为参比,在最大吸收波长下测定吸光度,得到标准曲线。

3. 饮料中苯甲酸的测定

准确吸取饮料 1.00 mL(若苯甲酸含量较高,可适当稀释后再吸取)置于 125 mL 分液漏斗中,其他操作同步骤 1。以试剂空白做参比,在最大吸收波长下测定吸光度。在标准曲线上查得样品溶液吸光度对应的苯甲酸标准应用液的体积,按下式计算样品溶液中苯甲酸的浓度:

$$c_x = 稀释倍数 \times V \times c / V_x$$

式中:c_x 为样品溶液中苯甲酸的浓度(mg·mL⁻¹);V 为从标准曲线查得的苯甲酸标准溶液体积(mL);c 为苯甲酸标准应用液浓度(mg·mL⁻¹);V_x 为样品稀释液体积(mL)。

五、注意事项

1. 由于乙醚易挥发,因此萃取过程应在通风橱内进行,比色时应在比色皿上加盖。

2. 为保证测定的吸光度值稳定,萃取振荡时间控制在 4 min~6 min 为宜,且每次振荡时间应相同。

3. 对于碳酸饮料,应先脱气,再进行取样。脱气方法有两种,一是用小烧杯在水溶液上加热,除去 CO_2 气体;二是将碳酸饮料放在小烧杯中,置于超声波振荡器中振荡 10 min。

4. 若饮料中含有酯类物质,可用 $K_2Cr_2O_7 - H_2SO_4$ 进行氧化处理。方法为吸取样品 5.00 mL~10.00 mL(或称取样品 5.0 g~10.0 g)于 100 mL 烧杯中,加入 15 mL 0.4 mol·L⁻¹ $K_2Cr_2O_7$ 溶液和 4 mL 8 mol·L⁻¹ H_2SO_4,水浴加热 30 min。冷却,转移

至 100 mL 容量瓶中,用去离子水定容,其他步骤同上。

　　5. 每台仪器配一盒比色皿,不能相互交换。

　　6. 禁止用手扭动样品池,以防损坏联动电机。

六、思考题

　　1. 为何要在苯甲酸的最大吸收波长处进行测量?

　　2. 食品中苯甲酸检测还有哪些方法?

附录　紫外分光光度计(图 3-24-1)使用说明

显示屏

键盘

样品室

图 3-24-1　紫外分光光度计

　　1. 开机自检

　　打开电源开关,点击【自检】正下方的触摸键,仪器开始自检,通过后,进入主菜单。

　　2. 吸收曲线的绘制

　　参数设置:移动光标至【光谱】,按【ENTER】键进入光谱扫描;将光标移动至光谱扫描,按【ENTER】键进入设置菜单;直接点击序号键或调整光标位置,按【ENTER】键进入设置的输入对话框,由键盘输入需要输入的参数,并按【ENTER】键确认。

　　光谱扫描:在选择的样品池内放空白液,关闭样品池盖,点击图谱下方对应黑键,按【ZERO/BASE】键,进行基线校正。完成后,将标准液放入该样品池中,按【RUN】键,仪器开始扫描,显示屏显示扫描图谱。

　　图谱数据处理:点击【处理】下方对应黑键,将光标移至【峰谷检测】,按【ENTER】键进入,然后按【数据】下方对应黑键,出现相应峰、谷值。

　　3. 标准曲线法测定

　　(1) 参数设置

　　将光标移动到标准曲线法功能选项上,按 ENTER 确认,随后按【装入】键进入建立工作曲线选项菜单。将仪器样池的状态设置为【六联池】,点击建立工作曲线选项,逐项填入设置参数。在【样池设置】选项中进入批处理功能的【标样样池设置】菜单进行设置(注意标样只能放置在 2#～6# 样池中,1# 样池必须放置空白)。

　　(2) 建立工作曲线

　　样池设置完成后,将盛有标样的比色皿插入对应的样池位置,关闭样池室顶盖,然后按【C】键返回至【建立工作曲线】设置菜单;点击【曲线】键,进入标准曲线坐标界面,第一次运行时先按【ZERO】键,使仪器调整至检测波长和 $1^{\#}$ 池位,然后按【RUN】键,仪器将自动进行校零及标样测量,并将测量结果显示在标准曲线图中,仪器自动给出的曲线类型是线性过零拟合。

(3)样品分析

完成建立工作曲线之后,点击标准曲线界面底部的【分析】键,便可进入到试样分析设置界面。根据试样的稀释情况,输入稀释系数(缺省值为 1)。试样的样池设置与标样的样池设置相似。试样只能放置在 $2^{\#} \sim 6^{\#}$ 样池中, $1^{\#}$ 样池必须放置空白。设置完成后,按【RUN】键,仪器会自动校零,依次分析 $2^{\#} \sim 6^{\#}$ 样池中的试样,并把分析数据显示在屏幕上的列表之中。可选择删除、保存获得的分析数据。

测量结束后,关闭仪器,拔下电源,然后将石英比色皿洗刷干净放入盒中。

参考学时:4 学时。

实验二十五　导数吸收光谱法测定降压药中氢氯噻嗪含量

一、目的要求

1. 掌握导数吸收光谱法直接测定复方制剂中某一组分含量的原理。

2. 熟悉用紫外—可见分光光度计通过导数吸收光谱法测定药物含量的操作步骤。

二、实验原理

紫外—可见分光光度法可用于对物质进行定量测定,但当被测物中有干扰吸收的组分存在时,无法直接用吸光度求得真实的浓度数值。如果把吸光度(A)看成波长(λ)的函数,则 $A = cf(\lambda)$,对其求导数就可以得到导数吸收光谱,并且可以得到一阶、二阶、多阶导数光谱。根据朗伯—比耳定律 $A = \varepsilon cl$,其一阶导数值 $\dfrac{\mathrm{d}A}{\mathrm{d}\lambda} = \dfrac{\mathrm{d}\varepsilon}{\mathrm{d}\lambda}cl$,可见,在任意波长处,吸光度的一阶导数与浓度成正比;同理,二阶、多阶导数也与浓度成正比。当被测物中有干扰吸收的组分存在时,如干扰吸收随波长 λ 呈线性变化(表示为 $b\lambda$),则混合物的吸收可写成 $A_{混} = \varepsilon_{测}\, c_{测}\, l + a + b\lambda$,求一阶导数后得 $\dfrac{\mathrm{d}A}{\mathrm{d}\lambda} = \dfrac{\mathrm{d}\varepsilon}{\mathrm{d}\lambda}cl + b$,式中 b 为一固定的常数,可见求导后干扰吸收被消除。导数吸收光谱法的定量依据:吸光度导数值与待测物的浓度成正比。

常用降压药片是由氢氯噻嗪、硫酸双肼酞嗪及盐酸可乐定组成的复方制剂。由于每片中盐酸可乐定含量较少(与氢氯噻嗪相差约 330 倍,与硫酸双肼酞嗪相差 460 倍),加之盐酸可乐定及赋形剂在 260 nm~280 nm 几乎无吸收,因此,在采用紫外吸收光谱法测定降压药中氢氯噻嗪含量时,可以忽略盐酸可乐定的影响。硫酸双肼酞嗪的紫外吸收光谱在 260 nm～280 nm 近似为一直线,而氢氯噻嗪的吸收光谱近似为二次曲线,所以,采用一阶导数吸收光谱法可以消除硫酸双肼酞嗪的干扰,不经分离直接测定氢氯噻嗪的含量。

在实际测试中,由于仪器的性能与精度限制,吸光度导数值与浓度之间的比值不能像吸收系数那样求出一个能通用的常数,所以用导数吸收光谱法定量时需要用标准曲线法或标准对比法。

三、器材与药品

1. 器材

紫外－可见分光光度计(带导数功能) 石英比色皿 50 mL 容量瓶 100 mL 容量瓶 200 mL 容量瓶 研钵 烘箱 天平 洗瓶 量筒 10 mL 刻度吸管 5 mL 刻度吸管

2. 药品

pH 为 6.9 的缓冲溶液:在 100 mL 容量瓶内加入 50.0 mL 0.1 mg·L^{-1}磷酸二氢钾溶液与 25.9 mL 0.1 mg·L^{-1}氢氧化钠溶液,加蒸馏水至刻度后摇匀。

氢氯噻嗪对照品 硫酸双肼酞嗪对照品

以上所用试剂均为分析纯,水为重蒸水。

四、实验步骤

1. 配制标准储备液

氢氯噻嗪标准储备液(约 250 mg·L^{-1}):取 120℃ 干燥至恒重的氢氯噻嗪约 25 mg,精密称重,置于 100 mL 烧杯中,加 40 mL 0.1 mol·L^{-1}氢氧化钠溶液使其溶解,转移至 100 mL 容量瓶中,定容,摇匀,标注准确浓度。

硫酸双肼酞嗪储备液(约 12 mg·L^{-1}):取硫酸双肼酞嗪约 12 mg,精密称量,置于 100 mL 烧杯中,加蒸馏水溶解,转移至 100 mL 容量瓶中,定容,摇匀,标注准确浓度。

2. 配制标准使用液及绘制零阶、一阶导数吸收光谱

氢氯噻嗪标准使用液:用刻度吸管准确量取氢氯噻嗪标准储备液 3.00 mL,置于 100 mL容量瓶中,加 pH 为 6.9 的缓冲溶液至刻度,摇匀,标注准确浓度。

硫酸双肼酞嗪标准使用液:用刻度吸管吸取硫酸双肼酞嗪储备液 5.00 mL,置于 50 mL容量瓶中,加 pH 为 6.9 的缓冲溶液至刻度,摇匀,标注准确浓度。

取上述两种使用液在 230 nm～350 nm 波长范围内扫描,得零阶吸收光谱(吸收曲线);再以 4 nm 为间隔,测定一阶导数光谱。

3. 绘制氢氯噻嗪一阶导数标准曲线

用刻度吸管分别吸取氢氯噻嗪标准储备液 2.50 mL、3.00 mL、3.50 mL、4.00 mL、4.50 mL、5.00 mL,各置于 100 mL 容量瓶中,用 pH 为 6.9 的缓冲溶液稀释至刻度,摇匀。在带有导数功能的紫外－可见分光光度计上,以 pH 为 6.9 的缓冲溶液为空白,测得上述系列标准溶液在 262 nm 和 280 nm 波长附近有极大值(峰)和极小值(谷),以极大值

和极小值之间的距离(波峰和波谷之间的振幅 D)为纵坐标,以系列标准溶液的浓度($\mu g \cdot mL^{-1}$)为横坐标,作标准曲线,得到该曲线的回归方程。

4. 测定降压药片中氢氯噻嗪的浓度

取降压药片 20 片,精密称量,研细,置于 100 mL 烧杯中,用 20 mL 0.1 mol·L^{-1}氢氧化钠溶液分次冲洗研钵,洗液移入烧杯中,待药粉溶解后,转移至 200 mL 容量瓶中,用蒸馏水定容,摇匀后过滤。用刻度吸管准确吸取滤液 10.00 mL,置于 100 mL 容量瓶中,用 pH 为 6.9 的缓冲溶液稀释至刻度,摇匀。测定 262 nm 和 280 nm 波长处的振幅 D,代入回归方程求得氢氯噻嗪的浓度 $c(\mu g \cdot mL^{-1})$。

五、数据记录与处理

每片降压药片中氢氯噻嗪的含量按下式计算:

$$\text{每片中氢氯噻嗪含量}(\mu g) = \frac{c \times \dfrac{100 \times 200}{10}}{20}$$

六、注意事项

1. 测量前应进行紫外—可见分光光度计波长检定及校正,以保证波长准确性。

2. 在有导数功能的紫外—可见分光光度计上可直接读出 $\dfrac{dA}{d\lambda}$ 值,在没有导数功能的紫外分光光度计上,需要在 250 nm~290 nm 间以 4 nm 为间隔,算出一系列 ΔA 值,以 $\Delta A - \lambda$ 作出一阶导数光谱图。

3. 导数光谱的条件确定后,在测定过程中不能随意变动。

七、思考题

1. 导数吸收光谱是如何消除吸收干扰的?

2. 导数光谱的定量方法有哪几种?

附录　紫外—可见分光光度计(图 3-25-1)使用说明

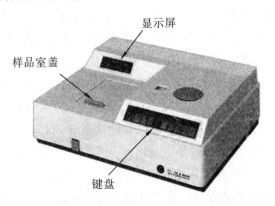

显示屏

样品室盖

键盘

图 3-25-1　UV-9100 型紫外—可见分光光度计

检查样品池位置,使其在光路中,拉动拉手应感到每档的定位,按下电源开关预热10 min。

（一）透射比测量

在样品室中,放置空白液及样品。

1. 调节波长旋钮,使波长显示窗显示所需波长值。

2. 按【方式选择】键使透射比指示灯亮,并使空白液处在光路中。

3. 按【100％T】键调100％,待显示器显示100.0时即表示已调好100％T。

4. 打开样品室门,在样品池架中放挡光板,关闭样品室门,若显示器不为0,则按【0％T】调零。

5. 取走挡光板,关上样品室门,显示器应为100.0,若不为100.0,则应重调100％T。

6. 拉动样品池拉手使被测样品依次进入光路,则显示器上依次显示样品的透射比值。

（二）吸光度测量

调零及调100.0在透射比功能下进行,测量时,按【方式选择】键至吸光度挡,其余的操作同透射比测量。

（三）浓度直读

1. 建曲线有三种方法:一点法、二点法、三点法,现以二点法为例。

（1）按需要调节波长,将两个浓度标准液及空白液放入样池架。

（2）以空白液调100％T及0％T(方法同透射比测量)。

（3）按【方式选择】键至建曲线挡,按【选择标点】键至第二点,显示器显示500。

（4）将第一点标样拉入光路,按【置加数】或【置减数】键,使显示器显示样浓度,按【确认】键,确认此组数据。将第二点标样拉入光路,同法操作。

2. 浓度测量

（1）将空白液及被测样品放在样品室内。

（2）按【方式选择】键至浓度挡。

（3）拉样品至光路中,显示数值即为样品在二点曲线下的浓度值。

（4）测量完毕,关断电源,取出比色皿,将拉手复位,关好样品室门,盖上保护罩。

（5）填写分光光度计使用记录表。

参考学时:4学时。

实验二十六　安钠咖注射液中苯甲酸钠和咖啡因的含量测定

一、目的要求

1. 掌握双波长消去法同时测定两组分混合体系的方法。
2. 熟悉紫外分光光度计的使用方法，了解其结构、性能。

二、实验原理

吸光度具有加和性，当有两种以上的吸光物质同时存在时，有以下关系：

$$A = A_1 + A_2 + \cdots + A_n$$

咖啡因和苯甲酸钠盐酸溶液的吸收曲线如图 3-26-1 所示。选取咖啡因吸收曲线峰值对应的波长 272 nm 及 254 nm 作为测定咖啡因的工作波长，在这两个波长处苯甲酸钠的吸光度相等，有：

$$\Delta A = A_{272} - A_{254} = kc_{咖啡因}$$

据此可求出咖啡因的浓度。

同理，可以选取 230 nm 和 258 nm 作为测定苯甲酸钠的工作波长，在这两个波长处咖啡因的吸光度相等，有：

$$\Delta A = A_{230} - A_{258} = kc_{苯甲酸钠}$$

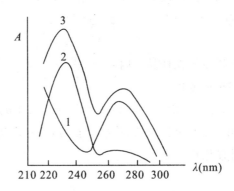

图 3-26-1　苯甲酸钠和咖啡因的吸收光谱

1. 咖啡因　2. 苯甲酸钠　3. 混合物

三、器材与药品

1. 器材

756MC 紫外－可见分光光度计　容量瓶(50 mL,250 mL)　刻度吸管(5 mL)

2. 药品

咖啡因(对照品)　苯甲酸钠(对照品)　安钠咖注射液　$0.1\ mol\cdot L^{-1}$ HCl 溶液

四、实验步骤

1. 标准储备液的配制

取咖啡因和苯甲酸钠各 0.031 3 g,分别用蒸馏水溶解并配成 250 mL 溶液,溶液的浓度为 $0.125\ mg\cdot mL^{-1}$,此即为标准储备液,置于冰箱中保存备用。

2. 标准溶液的配制及吸收曲线的绘制

在 2 个 50 mL 容量瓶中分别加入咖啡因、苯甲酸钠标准储备液 3.00 mL,用 $0.1\ mol\cdot L^{-1}$ HCl 溶液稀释至刻度,摇匀,即得咖啡因和苯甲酸钠的标准溶液。在 756MC 紫外—可见分光光度计上扫描,得到咖啡因和苯甲酸钠在 210 nm 至 330 nm 范围内的吸收曲线,找出等吸收点。

3. 标准混合溶液的配制

分别吸取标准咖啡因储备液和苯甲酸钠储备液各 1.00 mL、2.00 mL、3.00 mL、4.00 mL、5.00 mL 至五个 50 mL 容量瓶中,用 $0.1\ mol\cdot L^{-1}$ HCl 溶液稀释至刻度,摇匀,即得咖啡因和苯甲酸钠的标准混合溶液(含苯甲酸钠和咖啡因各为 $2.5\ \mu g\cdot mL^{-1}$、$5.0\ \mu g\cdot mL^{-1}$、$7.5\ \mu g\cdot mL^{-1}$、$10.0\ \mu g\cdot mL^{-1}$、$12.5\ \mu g\cdot mL^{-1}$)。

4. 样品溶液的配制

吸取注射液 2.00 mL 至 50 mL 容量瓶中,用蒸馏水稀释至刻度。从中吸取 5.00 mL 用蒸馏水稀释至 50 mL;再从二次稀释液中吸取 5.00 mL 用蒸馏水稀释至 50 mL;从三次稀释液中吸取 5.00 mL 至 50 mL 容量瓶中,用 $0.1\ mol\cdot L^{-1}$ HCl 溶液稀释至刻度。共稀释 25 000 倍。

5. 测定

在 756MC 型分光光度计上,分别在 230 nm 和 258 nm、272 nm 和 254 nm(此 4 个波长应在实际使用的仪器上进行校正)处测标准混合溶液的吸光度,然后在上述四个波长处测样品溶液的吸光度。若波长改变,能量变化,应等数据稳定再读数。

五、数据记录与处理

1. 标准混合溶液和样品溶液在 230 nm、258nm、254 nm 和 272nm(或其他经校正的波长)处的吸光度

$c(\mu g\cdot mL^{-1})$	2.5	5.0	7.5	10.0	12.5	样品溶液
A(230 nm)						
A258 nm						
$\Delta A_{苯甲酸钠}$						
A (254 nm)						
A (272nm)						
$\Delta A_{咖啡因}$						

2. 标准曲线的绘制

分别以 $\Delta A_{苯甲酸钠}$ 和 $\Delta A_{咖啡因}$ 为纵坐标，以 $c(\mu g \cdot mL^{-1})$ 为横坐标，在电脑上求出苯甲酸钠和咖啡因的回归方程。

3. 注射液中咖啡因和苯甲酸钠的含量

	容量瓶中浓度($\mu g \cdot mL^{-1}$)	注射液中浓度($\mu g \cdot mL^{-1}$)
苯甲酸钠		
咖啡因		

六、注意事项

1. 因 c 与 ΔA 成正比，所以为了提高灵敏度，应尽量选取 ΔA 大的波长来进行测定，通常选取吸收曲线的最大吸收波长为工作波长之一。

2. 因为不同仪器的性能、使用和维护状态不同，最好结合所使用仪器对四个工作波长进行校正。

3. 紫外分光光度法灵敏度较高，且吸光物质为无色，应重视对比色皿的匹配和洗涤。

七、思考题

1. 分光光度法中有哪些不经分离即可同时测定两种物质的方法？

2. 为什么注射液的稀释要采用逐步稀释法？

附录　756MC 紫外—可见分光光度计(图3-26-2)的使用方法

图 3-26-2　756MC 紫外—可见分光光度计

（一）打开电源

接通电源后，仪器进入初始化，约需 10 min。若仪器非首次使用，初始化过程可省略，方法是等打印停止，显示屏显示 756 时按两次【START/STOP】键。预热 30 min，开始吸光度测定。

（二）吸光度测定

1. 按【T/A】，选择【A】方式，默认参比溶液为最外一个比色皿，自动调节 0 和 100%，待显示 0.000 后可把样品溶液移入光路，显示的即为其吸光度。

2. 波长选择，按【GOTO λ】键，输入需要的波长，按【ENTER】键确认。

（三）测绘吸收曲线

此型号仪器可进行吸收曲线扫描，步骤如下：

1. 按【MODE】键，输入 SCAN（扫描）方式代号 1，按【ENTER】键确认。

2. 显示 1.000（为扫描间隔,nm），按【ENTER】键确认。

3. 按【T/A】,选择 1（T 方式）或 2（A 方式），按【ENTER】键确认。

4. 按【λ RANGE】键，输入扫描起始波长，按【ENTER】键确认；再输入扫描终止波长，按【ENTER】键确认。

5. 按【T/ARANGE】键，选择【T（或 A）】的下限，如 0.000，按【ENTER】键确认；再选择上限，如 1.000，按【ENTER】键确认。

6. 按【FUNC】键（扩展功能键），输入图谱存储功能号 81，按【ENTER】键确认；再输入代号（0 为不存储,1 为存储），按【ENTER】键确认。

7. 按【FUNC】键，输入设置扫描速度功能号 83，按【ENTER】键确认；输入扫描速度代号（1 为 170 点/分,2 为 140 点/分,3 为 100 点/分,4 为 60 点/分），按【ENTER】键确认。

8. 将样品移入光路，按【START/STOP】键即可开始扫描，结果由打印机打印出来。

参考学时：4 学时。

实验二十七 荧光法同时测定邻-羟基苯甲酸和间-羟基苯甲酸的含量

一、目的要求

1. 掌握荧光分析法的基本原理。

2. 熟悉荧光分析法进行多组分含量测定的方法。

3. 了解荧光分光光度计的使用方法。

二、实验原理

邻-羟基苯甲酸（亦称水杨酸）和间-羟基苯甲酸分子组成相同，均含一个能发射荧光的苯环，但因其取代基的位置不同而具不同的荧光性质。在 pH=12 的碱性溶液中，二者在 410 nm 附近紫外光的激发下均会发射荧光；在 pH=5.5 的近中性溶液中，间-羟基苯甲酸不发荧光，邻-羟基苯甲酸因分子内形成氢键增加了分子刚性而有较强荧光，且其荧光强度与 pH=12 时相同。利用此性质，可在 pH=5.5 时测定二者混合物中邻-羟基苯甲酸含量，间-羟基苯甲酸不干扰。另取同样量混合物溶液，测定 pH=12 时的荧光强度，减去 pH=5.5 时测得的邻-羟基苯甲酸的荧光强度，即可求出间-羟基苯甲酸的含量。研究表明，二者的浓度在 0～12 $\mu g \cdot mL^{-1}$ 范围内均与其荧光强度呈良好线性关系，且对-羟基苯甲酸在上述条件下均不会发射荧光，不会干扰测定，故而亦可在邻-羟基苯甲酸、间-

99

羟基苯甲酸、对-羟基苯甲酸三者共存时,用上述方法测定出邻-羟基苯甲酸和间-羟基苯甲酸的含量。

三、器材与药品

1. 器材

F93荧光分光光度计　电子分析天平(0.000 1 g)　托盘天平　容量瓶(25 mL)　移液管(1 mL,2 mL,5 mL)　容量瓶(1 000 mL)

2. 药品

邻-羟基苯甲酸标准溶液　间-羟基苯甲酸标准溶液　pH为5.5的HAc—NaAc缓冲溶液 0.10 mol·L^{-1} NaOH溶液　含邻-羟基苯甲酸和间-羟基苯甲酸的样品溶液

四、实验步骤

(一)标准溶液和缓冲溶液的配制

1. 120.0 μg·mL^{-1}邻-羟基苯甲酸标准溶液:称取邻-羟基苯甲酸0.120 0 g,用水溶解并定容于1 L容量瓶中,摇匀备用。

2. 120.0 μg·mL^{-1}间-羟基苯甲酸标准溶液:称取间-羟基苯甲酸0.120 0 g,用水溶解并定容于1 L容量瓶中,摇匀备用。

3. 醋酸—醋酸钠缓冲溶液:称取50.0 g醋酸钠和6.0 g冰醋酸溶于水并稀释至1 L,得pH＝5.5的缓冲液。

4. NaOH溶液:配制0.10 mol·L^{-1}的NaOH溶液。

(二)标准系列溶液和未知溶液的配制

1. 分别移取0.20 mL、0.40 mL、0.60 mL、0.80 mL、1.00 mL邻-羟基苯甲酸标准溶液于已编号的25 mL容量瓶中,各加入2.5 mL pH 5.5的HAc—NaAc缓冲液,用去离子水稀释至刻度,摇匀。

2. 分别移取0.20 mL、0.40 mL、0.60 mL、0.80 mL、1.00 mL间-羟基苯甲酸标准溶液于已编号的25 mL容量瓶中,各加入3 mL 0.10 mol·L^{-1}NaOH水溶液,用去离子水稀释至刻度,摇匀。

3. 取未知溶液各1.00 mL于两个25 mL容量瓶中,其中一份加入2.50 mL pH 5.5的HAc—NaAc缓冲溶液,另一份加入3.00 mL 0.10 mol·L^{-1}NaOH水溶液,用去离子水稀释至刻度,摇匀。

(三)测定荧光激发光谱和发射光谱

分别用邻-羟基苯甲酸和间-羟基苯甲酸标准系列中第三份溶液绘制各自的激发光谱和发射光谱。先固定发射波长为400 nm,在250 nm～350 nm区间进行激发波长扫描,获得溶液的激发光谱,在300 nm附近为最大激发波长λ_{ex};再固定激发波长为λ_{ex},在330 nm～470 nm区间进行发射波长扫描,获得溶液的发射光谱,在400 nm附近为最大发射波长λ_{em}。此时,在激发光谱λ_{ex}处和发射光谱λ_{em}处的荧光强度应基本相同。

（四）荧光强度测定

根据上述激发光谱和发射光谱扫描结果,确定一组发射波长和激发波长,使之对两组分都有较高的灵敏度,并在此组波长下测定前述标准系列各溶液和未知溶液的荧光强度。

五、数据记录与处理(表 3-27-1)

表 3-27-1　不同溶液的荧光强度　　　　　荧光测定条件:$\lambda_{ex}=$　　　　　$\lambda_{em}=$

溶液种类	溶液编号				
	1	2	3	4	5
邻-羟基苯甲酸 标准溶液					
间-羟基苯甲酸 标准溶液					
样品溶液					

以各标准溶液的荧光强度为纵坐标,分别以邻-羟基苯甲酸和间-羟基苯甲酸的浓度为横坐标制作工作曲线。根据 pH 5.5 的未知液的荧光强度,可确定邻-羟基苯甲酸在未知液中的浓度;根据 pH 12 时未知液的荧光强度与 pH 5.5 时未知液荧光强度的差值,可从间-羟基苯甲酸的工作曲线上确定未知液中间-羟基苯甲酸的浓度。

六、注意事项

1. 实验前对照仪器认真学习 F93 型荧光分光光度计操作说明书相关部分。
2. 定量操作(工作曲线测定、未知液测定)时应保持仪器参数设置一致。

七、思考题

1. 发射荧光的物质在结构上有何特点?
2. 分析影响荧光强度的因素。
3. 荧光分光光度计与紫外－可见分光光度计的结构及操作有何异同?

附录　F93 荧光分光光度计(图 3-27-1)标准曲线测定方法操作

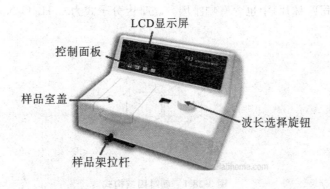

图 3-27-1　F93 荧光分光光度计

1. 插上电源线,打开仪器主机电源(主机需预热 30 min 以上方可进行测定)。

2. 放入待测样品,按仪器灵敏度键调节增益,共 0~7 八挡(使荧光值调节在 10~50 之间比较理想)。

3. 确定灵敏度后拿出待测样品,放入空白溶液(增益挡不变)按仪器调零键扣除本底。

4. 取出空白溶液,依次放入所有标准样品进行测定。

5. 绘制出标准曲线图。

6. 放入测试样品,测出荧光值。

7. 将样品荧光值代入标准曲线图得出测试样品浓度。

参考学时:4 学时。

实验二十八　高效液相色谱法测定饮料中的咖啡因

一、目的要求

1. 了解高效液相色谱法测定咖啡因的基本原理。

2. 进一步熟悉高效液相色谱仪的操作。

3. 掌握高效液相色谱法进行定性及定量分析的基本方法。

二、实验原理

咖啡因(Caffeine)又名咖啡碱,属甲基黄嘌呤化合物,化学名称为 1,3,7-三甲基黄嘌呤,是从茶叶或咖啡中提取的一种生物碱,在咖啡中的含量约为 1.2%~1.8%,在茶叶中约为 2.0%~4.7%。咖啡因能兴奋大脑皮层,具有提神醒脑等刺激中枢神经作用,使人精神亢奋,但易上瘾。为此,各国制定了咖啡因在饮料中的食品卫生标准,美国、加拿大、阿根廷、日本、菲律宾规定饮料中咖啡因的含量不得超过 200 mg·L^{-1}。我国到目前为止咖啡因仅允许加入到可乐型碳酸饮料中,其含量不得超过 150 mg·kg^{-1}。此外,APC 药片(即复方阿司匹林片)中也含有咖啡因。咖啡因分子式为 $C_8H_{10}O_2N_4$,结构式如图 3-28-1 所示。

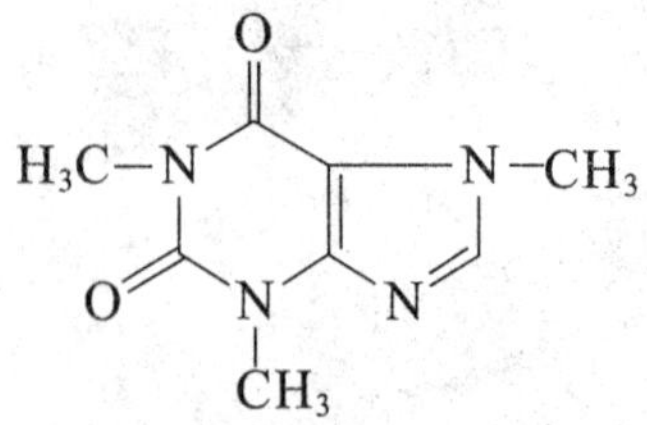

图 3-28-1　咖啡因结构式

咖啡因的测定可采用反相液相色谱法,以 C_{18} 键合相色谱柱将饮料中的咖啡因与其他组分(如单宁酸、咖啡酸、蔗糖等)分离。咖啡因分子中含有共轭体系,具有紫外吸收,可用紫外检测器进行检测,采用外标法、内标法等进行定量分析。本实验采用外标标准曲线法测定饮料中咖啡因的含量,以咖啡因标准系列溶液的色谱峰面积对其浓度作标准曲线,再根据试样中的咖啡因峰面积,由标准曲线算出其浓度。

三、器材与药品

1. 器材

LC-10AT 高效液相色谱仪(带紫外检测器和色谱工作站)　C_{18} 色谱柱(150 mm×4.6 mm,5 μm)　平头微量注射器(25 μL)　超声脱气装置　分析天平(0.000 1 g)　容量瓶(100 mL,25 mL)　移液管(2 mL,5 mL,10 mL,25 mL)　分液漏斗(125 mL)　针头滤器(0.45 μm,水系和有机系)

2. 药品

甲醇(色谱纯)　乙腈(色谱纯)　高纯水　咖啡因对照品　氯仿(必要时须重蒸)无水硫酸钠(AR)　冰醋酸(AR)　氯化钠(AR)　氢氧化钠(AR)　供试饮料(可乐,茶叶,速溶咖啡)

四、实验步骤

(一)按操作说明书使色谱仪正常工作,待仪器流路与电路条件达到平衡状态后,色谱工作站记录的基线稳定,方可进样分析。

参考色谱条件为,柱温:室温;流动相:甲醇：乙腈：水＝57：29：14(每升流动相中加入 0.800 0 mol·L^{-1} 乙酸液 50 mL);流速:1.0 mL·min^{-1};检测波长:275 nm。

(二)咖啡因标准储备溶液的配制:将咖啡因对照品在 110℃下烘干 1 h。准确称取 0.100 0 g 咖啡因,用甲醇溶解,定量转移至 100 mL 容量瓶中,并稀释至刻度。此标样浓度为 1 000 μg·mL^{-1}。

(三)咖啡因标准系列溶液的配制:将上述溶液用甲醇稀释为含咖啡因浓度分别为 0、25、50、100、150、200 μg·mL^{-1} 的标准系列溶液。

(四)待测样品处理:

1. 可乐型饮料:将约 100 mL 可乐置于 250 mL 洁净、干燥的烧杯中,剧烈搅拌 30 min 或用超声波脱气 5 min,以赶尽可乐中的二氧化碳。

2. 咖啡及其制成品:准确称取 0.250 0 g 咖啡,用 90℃纯水溶解,冷却后定量转移至 100 mL 容量瓶中,定容至刻度,摇匀。

3. 茶叶及其制成品:准确称取 0.300 0 g 茶叶,用 30 mL 纯水煮沸 10 min,冷却后,将上层清液转移至 100 mL 容量瓶中,并按此步骤再重复 2 次。最后用纯水定容至刻度。

将上述样品溶液分别进行干过滤(即用干漏斗、干滤纸过滤),弃去初滤液,取续液备用。

分别吸取上述样品滤液 25.00 mL 于 125 mL 分液漏斗中,加入 1.00 mL 饱和氯化钠溶液,1.00 mL 1.00 mol·L^{-1} NaOH 溶液,再用 20.00 mL 氯仿分三次萃取。将氯仿层萃取液经过装有无水硫酸钠的小漏斗脱水,过滤于 25 mL 容量瓶中,最后用少量氯仿多次洗涤无水硫酸钠小漏斗,合并后定容至刻度待测。

(五)绘制工作曲线:待液相色谱仪基线稳定后,分别注入咖啡因标准系列溶液 20 μL,重复两次,要求两次所得的咖啡因色谱峰面积基本一致,否则继续进样至色谱峰面积重复,记录峰面积与保留时间。

(六)样品测定:分别注入样品溶液 20 μL,根据保留时间确定样品中咖啡因色谱峰的位置,重复两次,记录咖啡因色谱峰的峰面积。

(七)全部实验结束后,按要求冲洗色谱系统,关好仪器。

五、数据记录与处理

1. 根据咖啡因标准系列溶液的色谱图,绘制咖啡因峰面积与其浓度的关系曲线,并计算回归方程和相关系数。

2. 根据样品中咖啡因色谱峰的峰面积,由工作曲线计算可乐、咖啡、茶叶中咖啡因的含量(分别用 mg·L^{-1}、mg·g^{-1} 和 mg·g^{-1} 表示)。

六、注意事项

1. 不同品牌的茶叶、咖啡中咖啡因含量存在一定差异,称取样品时其量可酌情增减。

2. 液相色谱法先经色谱柱分离后再检测分析,可有效消除共存杂质对待测组分测定的干扰。然而实际样品成分往往比较复杂,如果不先萃取而直接进样,虽然操作简单,但会影响色谱柱寿命。

3. 若样品和标准溶液需保存,应于 4℃冷藏保存。

七、思考题

1. 说明用反相色谱柱测定咖啡因的理论基础。

2. 根据结构式,咖啡因能用离子交换色谱法分析吗？为什么？

3. 在样品干过滤时,为什么要弃去初滤液？这样做会不会影响实验结果？为什么？

附录　LC-10AT 型高效液相色谱操作使用说明

(一)准备

1. 准备所需的流动相,配制样品和标准溶液,用合适的 0.45 μm 滤膜过滤,超声脱气 20 min。

2. 根据待检样品的需要更换合适的色谱柱(注意方向)和定量环,检查仪器各部件的电源线、数据线和输液管道是否连接正常。

(二)开机

接通电源,开启不间断电源,依次按下【power】键开启溶剂输送泵、检测器电源,待泵和检测器自检结束后,打开打印机、电脑显示器、主机,最后打开在线色谱工作站。

(三)参数设定

1. 波长设定:在检测器显示初始屏幕时,按【func】键,用数字键输入所需波长值,按

【enter】键确认。按【CE】键退出到初始屏幕。

2. 流速设定：在溶剂输送泵显示初始屏幕时，按【func】键，用数字键输入所需的流速（柱在线时流速一般不超过 1 mL·min^{-1}），按【enter】键确认。按【CE】键退出。

（四）更换流动相并排气泡

1. 将管路的吸滤器放入装有准备好的流动相的储液瓶中；逆时针转动输送泵的排液阀 180°，打开排液阀。

2. 按输送泵的【purge】键，pump 指示灯亮，泵大约以 9.9 mL·min^{-1} 的流速冲洗 3 min（可设定）后自动停止。

3. 将排液阀顺时针旋转到底，关闭排液阀（如管路中仍有气泡可重复以上操作直至气泡排尽）。

（五）平衡系统

1. 按《N2000 色谱数据工作站操作规程》打开【在线色谱工作站】软件，输入实验信息并设定各项方法参数后，按下【数据收集】页的【查看基线】按钮。

2. 按下溶剂输送泵的【pump】键，pump 指示灯亮。用实验方法规定的流动相冲洗系统，一般最少需 6 倍柱体积的流动相。检查各管路连接处是否漏液，如漏液应予以排除。观察泵控制屏幕上的压力值，压力波动应不超过 1 MPa（如超过则可初步判断为柱前管路仍有气泡，应检查管路后再操作）。观察基线变化。冲洗至基线漂移＜0.01 mV·min^{-1}，噪声＜0.001 mV 时，可认为系统已达到平衡状态，可以进样。

（六）进样

1. 进样前按检测器【zero】键调零，按软件中【零点校正】按钮校正基线零点，再按一下【查看基线】使其进入"查看基线"状态。用试样溶液清洗进样器，抽取适量样品溶液并排除气泡后即可进样。

2. 使进样阀保持在【load】位置，将进样器插入进样口，慢慢将试样溶液推入，然后将进样阀快速扳至【inject】位置完成进样，此时系统通过感应开关自动进行数据采集。采完样品后按停止采集或自动停止采集（按参数设定的时间），保存数据。打开"离线色谱工作站"软件，可查看或打印图谱结果。

（七）清洗系统和关机

1. 数据采集完毕后，弹起检测器【power】键关闭检测器电源，继续以工作流动相冲洗 10 min 后，再用经滤过和脱气的适当溶剂清洗冲洗 10 min～20 min，最后用纯甲醇清洗色谱系统 10 min～20 min。同时用进样器吸取工作流动相清洗进样阀。

2. 清洗完成后，先将流速降到 0，再依次按输送泵的【purge】键关闭泵，弹起【power】键断开输送泵电源。实验完成后作好使用登记。

（八）使用注意事项

1. 防止任何固体微粒进入泵体，流路的前端应连接吸滤器，吸滤器应经常清洗或更换。高压泵在使用时要注意储液瓶内的流动相是否被用完，其工作压力不要超过规定的最高压力。流动相应选用色谱纯试剂和高纯水,流动相、酸碱液及缓冲液使用前需经过滤除去其中的颗粒性杂质和其他物质(使用 0.45 μm 或更细的膜过滤)后方可使用,过滤时注意区分水系膜和油系膜的使用范围。采用过滤或离心方法处理样品,确保样品中不含固体颗粒。

2. 必须使用符合要求的流动相,流动相不应含有任何腐蚀性物质。对于没有在线脱气装置的色谱仪,流动相过滤后须用超声波脱气,脱气后恢复到室温使用。用流动相或比流动相弱(若为反相柱,则极性比流动相大;若为正相柱,则极性比流动相小)的溶剂制备样品溶液,尽量用流动相制备样品液;水相流动相需经常更换(一般不超过 2 天),防止长菌变质。手动进样时,进样量尽量小,使用定量环定量时,进样体积应为定量环的 3~5 倍。

3. 反相色谱柱使用缓冲溶液作为流动相时,做完样品后应立即用去离子水或低浓度甲醇水(如 5％甲醇水溶液)冲洗管路及柱子,然后再用甲醇(或甲醇水溶液)冲洗以充分洗去离子。长时间不用仪器,应将色谱柱内充满适宜溶剂(如反相色谱柱采用甲醇)后取下,用堵头封闭两端保存(注意不能用纯水保存柱子)。

4. 使用前仔细阅读色谱柱附带的说明书,注意适用范围(如 pH 值、流动相类型等),不得注射强酸、强碱样品,特别是碱性样品;避免将基质复杂的试样尤其是生物试样直接注入色谱柱,该类样品须先进行预处理或在柱前添加保护柱才能进样。色谱柱在使用过程中要注意避免压力的急剧变化和机械震动,调节流速时应缓慢进行。不要高压冲洗或反冲色谱柱,不要在高温下长时间使用硅胶键合相色谱柱,取下时注意轻拿轻放。

参考学时:4 学时。

实验二十九　阿司匹林合成实验中反应物和产物的红外吸收光谱测定

一、目的要求

1. 掌握阿司匹林的制备方法。

2. 掌握红外光谱法进行物质结构分析的基本原理。

3. 了解傅里叶红外光谱仪的结构和工作原理。

4. 学习溴化钾压片法制作固体试样的方法。

二、实验原理

1. 阿司匹林的制备

阿司匹林的合成是以水杨酸为原料,在硫酸催化下,用乙酸酐乙酰化得到,反应式为:

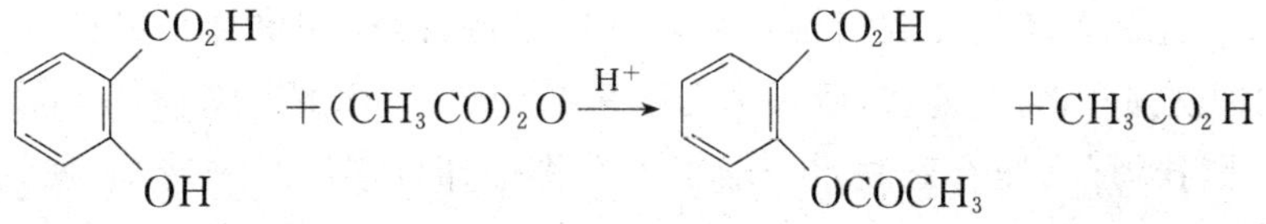

反应过程的副产物：水杨酸分子间可以发生缩合反应，生成少量的聚合物：

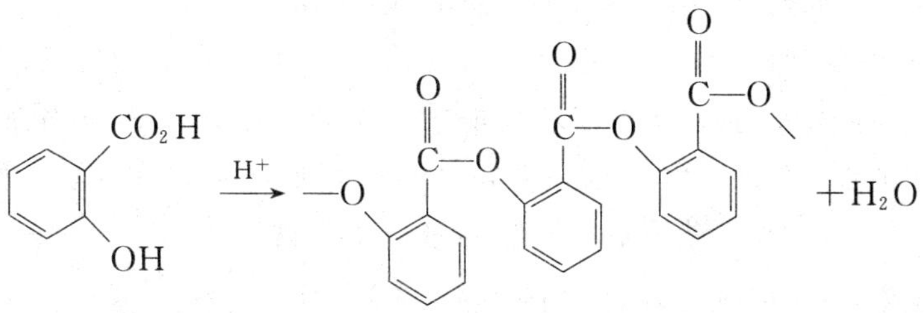

阿司匹林能与碳酸氢钠反应生成水溶性钠盐，而副产物聚合物不能溶于碳酸氢钠，这种性质上的差别可用于阿司匹林的纯化。

反应产物中还存在未反应的水杨酸，可采用重结晶的方法除去。

2. 红外吸收光谱测定

红外吸收光谱是由分子的振动、转动能级跃迁产生的光谱，化合物中每个基团都有几种振动形式，在中红外区相应产生几个吸收峰，因而特征性强。除个别化合物外，每个化合物都有其特征红外光谱。阿司匹林与水杨酸红外吸收光谱的最大不同在于，乙酰水杨酸在 $1\ 760\ cm^{-1}$、$1\ 690\ cm^{-1}$ 处有两个羰基峰，而水杨酸仅在 $1\ 660\ cm^{-1}$ 有一个羰基峰。

三、器材与药品

1. 器材

电子天平(0.000 1 g) 圆底烧瓶(100 mL) 烧杯(250 mL) 锥形瓶(100 mL) 移液管(5 mL) 减压抽滤装置 傅里叶变换红外光谱仪 玛瑙研钵 压片机 红外干燥灯

2. 药品

水杨酸(AR) 乙酸酐(AR) 饱和碳酸氢钠水溶液 乙酸乙酯(AR) 浓硫酸(AR) 浓盐酸(AR) 溴化钾(光谱纯)

四、实验步骤

（一）阿司匹林的制备

1. 在 125 mL 锥形瓶中加入 2.0 g 水杨酸、5.0 mL 乙酸酐和 5 滴浓硫酸，旋摇锥形瓶使水杨酸全部溶解后，在 85℃～90℃ 水浴上加热 10 min，取出锥形瓶，加水 2 mL 分解过量的乙酸酐，分解完成后，加入 50 mL 水，将混合物在冰水浴中冷却使结晶完全。减压过滤，用滤液反复淋洗锥形瓶，直至所有晶体被收集到布氏漏斗。每次用少量冷水洗涤结晶几次，继续抽吸将溶剂尽量抽干。粗产物转移至表面皿上，在空气中风干，称重。

2. 将粗产物转移至 150 mL 烧杯中，在搅拌下加入 25 mL 饱和碳酸氢钠溶液，加完后继续搅拌几分钟,直至无二氧化碳气泡产生。减压过滤,副产物聚合物应被滤出,用 5 mL～10 mL 水冲洗漏斗,合并滤液,倒入预先盛有 4 mL～5 mL 浓 HCl 和 10 mL 水配成溶液的烧杯中,搅拌均匀,即有乙酰水杨酸析出。将烧杯置于冰浴中冷却,使结晶完全。减压过滤,用洁净的玻璃塞挤压滤饼,尽量抽去滤液,再用冷水洗涤 2～3 次,抽干水分。将结晶移至表面皿上,干燥后称重,计算产率,测熔点。

3. 为了得到更纯的产品,可将上述结晶的一半溶于最少量的乙酸乙酯中(约需 2 mL～3 mL),溶解时应在水浴上小心地加热。如有不溶物出现,可用预热过的玻璃漏斗趁热过滤。将滤液冷却至室温,晶体析出。如不析出结晶,可在水浴上稍加浓缩,并将溶液置于冰水中冷却,或用玻棒摩擦瓶壁,抽滤收集产物。

(二)反应物和产物的红外吸收光谱测定

1. 开机及启动软件　先开主机,再开计算机。

2. 样品制备(KBr 压片法)　分别称取干燥的水杨酸原料或阿司匹林产品 2 mg～3 mg,置于玛瑙研钵中充分研磨后,加入约 200 mg 干燥的 KBr 粉末,继续研磨到完全混合均匀,并将其在红外灯下烘烤 10 min 左右。然后转移至专用红外压片模具中铺匀,合上模具置油压机上,先抽气约 2 min 以除去混在粉末中的湿气和空气,再边抽气边加压至 1.5 MPa～1.8 MPa 压 2 min～5 min,除去真空,制成透明薄片。

3. 测定　制备好的样品压片装于样品架上,插入红外光谱仪的试样安放处,从 4 000 cm^{-1}～400 cm^{-1} 进行波数扫描。

4. 图谱检索　查询标准谱图库,和标准光谱图比较。

5. 实验结束　测试完成后退出操作界面和系统,关闭打印机,切断数据系统电源,切断光谱仪主机及稳压电源开关。

五、数据记录与处理

将所得到的红外光谱和标准谱图对比,并对各个吸收峰进行归属。

六、注意事项

1. 此反应是无水操作,原料和仪器必须是干燥的。

2. 合成样品应充分干燥,与 KBr 压片时在红外灯下充分干燥并研磨均匀,若含有水分会干扰样品中羟基峰的观察。

3. 压片制样时,物料必须磨细并混合均匀,加入到模具中需均匀平整。制得的晶片,若局部发白,表示晶片厚薄不均匀。

4. 仪器使用前必须检查干燥剂,若变色硅胶变红应及时更换。

七、思考题

1. 傅里叶变换红外光谱仪可以做液体、气体以及薄膜样品吗?需要哪些附件?

2. 压片法制样应注意什么?

3. 测定红外吸收光谱时对样品有什么要求?

参考学时:4 学时。

实验三十 高效液相色谱—质谱联用技术检测辛伐他汀中的杂质

一、目的要求

1. 掌握高效液相色谱—质谱联用仪定性分析的基本原理和方法。

2. 了解高效液相色谱—质谱联用仪的基本结构、性能及操作方法。

二、实验原理

辛伐他汀是唯——个列入国家基本药物目录的调脂及抗动脉粥样硬化药,在我国一直处于他汀类药物销售额的前列。辛伐他汀为洛伐他汀的衍生物,是一种非活性的内酯化前体药物,通过肝脏水解成活性代谢产物或其衍生物而发挥作用。他汀类药物在临床上应用广泛且需要长期用药,研究其所含杂质对提高药物质量尤为重要。

高效液相—质谱联用技术是杂质鉴定的一个基本手段,具有灵敏、简便、快速等优点。本实验采用高效液相—质谱联用技术对国内上市的辛伐他汀片剂的两个主要杂质(辛伐他汀酸、洛伐他汀)进行分析检测。分别对辛伐他汀样品、杂质辛伐他汀酸对照品、洛伐他汀对照品采用一级全扫描、选择离子监测(SIM)和二级全扫描质谱(Full Scan MS^2)三种方式同时测定,利用色谱保留时间和多级质谱信息,并与杂质对照品比较来确定杂质。

三、器材与药品

1. 器材

高效液相色谱—三重串联四极杆质谱联用仪 电子分析天平(0.000 1 g) 烧杯(50 mL) 容量瓶(50 mL) 研钵 胶头滴管 平头微量进样针(10 μL)

2. 药品

辛伐他汀片 辛伐他汀酸对照品 洛伐他汀对照品 乙腈(色谱纯) 醋酸铵(色谱纯) 纯化水

四、实验步骤

1. 样品溶液的制备

辛伐他汀片研成细粉,精密称取适量(约相当于辛伐他汀 40 mg),用乙腈—0.005 0 mol·L^{-1}醋酸铵溶液(体积比 60∶40)溶解并定容于 50 mL 容量瓶中,摇匀。

2. 对照品溶液的制备

分别精密称取辛伐他汀酸和洛伐他汀对照品 40 mg,用乙腈—0.005 0 mol·L^{-1}醋酸铵溶液(体积比 60∶40)溶解并定容于 50 mL 容量瓶中,摇匀。

3. 色谱条件

色谱柱为 C$_{18}$(2.1 mm×50 mm，1.7μm)，柱温 40℃；流动相 A 为乙腈，流动相 B 为 0.005 0 mol·L^{-1}醋酸铵溶液，梯度洗脱(0～2 min 60% A；2～5 min 60% A→90% A；5～8 min 90% A；8～9 min 90% A→60% A；9～10 min 60% A)；流速：250 μL·min^{-1}；检测波长：238 nm；进样量：3 μL。

4. 质谱条件

采用电喷雾电离源(ESI)，正离子模式 ESI$^+$，毛细管电压 3.0 kV，样品锥孔电压 45 V，源温度 120℃，脱溶剂气温度 350℃，脱溶剂气流量 500 L·h^{-1}，锥孔气流量 50 L·h^{-1}，碰撞电压 10 V～20 V。负离子模式 ESI$^-$，毛细管电压 2.5 kV，其他条件同正离子模式。1.5 min 前采用负离子模式扫描，之后切换为正离子模式扫描。

5. 样品的一级全扫描

将辛伐他汀样品溶液、辛伐他汀酸对照品溶液和洛伐他汀对照品溶液分别以上述色谱、质谱条件在质核比(m/Z)100～500 范围进行一级全扫描，得到各样品的总离子流图。

6. 样品的子离子扫描

辛伐他汀样品溶液分别选择 m/Z435、405 进行子离子扫描。辛伐他汀酸对照品溶液选择 m/Z435 进行子离子扫描，洛伐他汀对照品溶液选择 m/Z405 进行子离子扫描。

7. 结果分析

将辛伐他汀样品溶液与辛伐他汀酸、洛伐他汀对照品溶液的一级全扫描和子离子扫描进行对比，确定杂质。辛伐他汀酸的准分子离子峰为 m/Z435[M－H]$^-$，碎片离子 m/Z 319[M－侧酯链－H]$^-$；洛伐他汀的准分子离子峰为 m/Z405[M＋H]$^+$。

五、数据记录与处理

将质谱扫描结果记录在下表中。

	辛伐他汀样品	辛伐他汀酸对照品	洛伐他汀对照品
一级全扫描(m/Z)			
子离子扫描(m/Z)			

六、注意事项

1. 样品进样前用 0.25 μm 的滤膜过滤，确保样品中不含固体颗粒，防止堵塞损坏色谱柱。

2. 在柱压比较高的情况下，关闭泵以前，建议将流速逐渐降低，以免压力波动过大，破坏色谱柱。

3. 色谱柱在使用过程中，一般检测完毕柱温应升至比检测温度高 20℃～30℃，以除去柱中残留的溶剂。

4. 每次使用、维护完毕后，应当详细填写使用记录，包括柱子类型、遇到的问题、维护方法等。

七、思考题

1. 除辛伐他汀酸和洛伐他汀外,辛伐他汀还有哪些常见杂质?

2. 质谱条件中为什么采用两种离子扫描模式?

3. 解析辛伐他汀酸和洛伐他汀的质谱图。

附录 高效液相色谱—三重串联四极杆质谱联用仪(图 3-30-1)使用说明

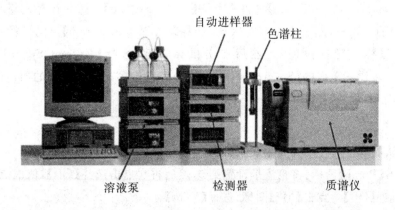

图 3-30-1 高效液相色谱—三重串联四极杆质谱联用仪

(一)开机

1. 打开液氮罐自增压阀门,调节液氮罐或 N_2 发生器的输出压强为 0.56 MPa~0.69 MPa,调节高纯氮气钢瓶减压表输出压强小于 0.2 MPa。确认前级泵的气镇阀处于关闭状态。

2. 打开电脑。

3. 打开 LC 各电源开关。

4. 打开质谱电源开关,等待大概 2 min 左右完成初始化。

5. 在电脑上启动【Data Acquisition】,此时 MassHunter 软件启动,等待少许时间,采集界面正常打开,表示仪器通讯正常。

(二)设置色谱参数

在 LC 参数画面的各个模块上,单击鼠标右键可以进入参数设置。输入进样量、泵的流量,在【Timetable】中输入梯度程序、柱温箱温度、检测波长。

(三)设置质谱参数

在 MS 参数画面,选缺省的调谐文件【Atune. TUNE. XML】。使用三个时间段,最后一个为平衡柱子,第一个和第二个时间段分别采用负离子和正离子扫描模式。在各个模块上输入【ESI 源】和【JetStream 源】参数设置,以及【APCI 源】和复合源的设置。

(四)测定单个样品

1. 平衡系统。

2. 打开样品栏,输入样品描述、瓶号以及数据文件名等。

3. 使用工具栏的【Start Sample Run】图标开始运行,或者运行菜单中的【Interactive Sample】。

（五）样品定性分析

双击【Agilent Masshunter Qualitative Analysis】图标,点击【View】>【Restore Default Layout】恢复主窗口为默认设置。选择【File】>【 Open Data File】,打开【MassHunter/Data/SulfaDrugs】文件夹下的【Sulfamix01. d】。按住鼠标左键拖拉鼠标,选择色谱峰的半峰宽,然后点击鼠标右键,选择【Extract Spectram】。同样操作,在基线部分,按住鼠标左键拖拉窗口,然后点击鼠标右键,选择【Extract Spectra to Background】。在色谱图下面的【Spectrum Results】窗口点击第三个色谱峰的质谱图,然后在该窗口点鼠标右键,选择【Substract Background Spectra】。

（六）关机

1. 确认前级泵的气镇阀处于关闭状态。

2. 点击【Pump】图标,将泵流量设置到 0,然后再次点击选择【Off】,依次点击柱温箱和检测器选择【Off】。点击【MS】图标,选择【Vent】。

3. 大约十分钟以后,关闭【MassHunter】软件,然后点击桌面【Acq System Launcher】图标,选择【Shutdown】关闭运行程序。

4. 关闭 MS 及 LC 各模块的电源。

5. 关闭电脑。

6. 关液氮及高纯氮。

参考学时:4 学时。

实验三十一 气相色谱—质谱联用分析甲苯、氯苯和溴苯

一、目的要求

1. 了解气相色谱—质谱联用法在分子结构鉴定中的应用。
2. 了解气相色谱—质谱联用仪的基本结构、性能和工作原理。

二、实验原理

气相色谱—质谱(GC-MS)联用仪是将气相色谱仪和质谱仪通过接口连接成整体;气相色谱仪对有机混合物进行分离,质谱仪的电子轰击源(EI)能提供化合物的丰富特征碎片,并利用标准谱库对照来对物质进行定性鉴别。气相色谱的强分离能力与质谱法的结构鉴定能力结合在一起,使气相色谱—质谱联用技术成为挥发性复杂混合物定性和定量分析的重要手段。

GC-MS联用仪由气相色谱仪、质谱仪、接口和数据处理系统几大部分组成。它的最重要的部分是质谱仪(MS),由进样系统、离子源、质量分析器、离子监测器、数据处理系统、真空系统六部分组成。

三、器材与药品

1. 器材

气相色谱—质谱联用仪数据处理系统

2. 药品

正己烷(色谱纯)　甲醇(色谱纯)　重蒸水　甲苯(AR)　氯苯(AR)　溴苯(AR)

四、实验步骤

(一)仪器操作条件设定(供参考)

1. 气相色谱条件　色谱柱:DB-5($0.25\ \mu m \times 2.5\ mm \times 30\ m$);柱温:50℃(2 min)→5℃/min→180℃(5 min);进样口温度:260℃;分流比:10:1;载气:He;流速:1 mL/min。

2. 质谱条件　EI 70 eV;离子源温度:200℃;接口温度:230℃;质量扫描范围:33 amu～500 amu;扫描速度:1 000 amu·s^{-1}。

(二)试样制备

甲苯、氯苯、溴苯混合物用正己烷溶解。

(三)测定

取 1 μL 试样溶液注入气相色谱仪,使试样中各组分尽量完全分离,并获取总离子流色谱图(TIC)。然后读取各峰质谱图,分别在质谱图谱库中自动检索,鉴定出各峰所代表的化合物结构。

五、数据记录与处理

分别读取总 TIC 图中各峰的 EI－MS 图,在标准图谱库中检索,与标准图谱库中的 EI-MS 图谱比较,鉴定出各峰所代表的化合物。

六、注意事项

1. 1 μL 微量注射器是无死角注射器,进样时注射器应与进样口垂直,一手捏住针头协助迅速刺穿硅橡胶垫圈,另一手平稳敏捷地推进针筒,使针头尽可能插得深一些,然后轻轻推针芯,轻巧迅速地将样品注入,完成后迅速拔针。整个动作应平稳、连贯、迅速。切勿用力过猛,以免把针头及针芯顶弯。

2. 注射器易碎,使用时多加小心。轻拿轻放,不要来回空抽(特别是不要在将干未干的情况下来回拉动),否则,会损坏其气密性,降低其准确度。

七、思考题

1. GC-MS 各部分的作用是什么?

2. GC-MS 有什么优点和局限性?

附录　气相色谱—质谱仪(图 3-31-1)使用说明

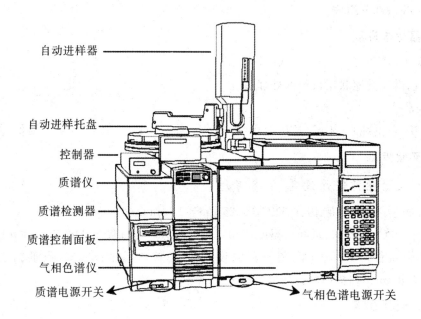

自动进样器

自动进样托盘

控制器

质谱仪

质谱检测器

质谱控制面板

气相色谱仪

质谱电源开关

气相色谱电源开关

图 3-31-1　气相色谱—质谱联用仪示意图

(一) 气相色谱—质谱联用仪的开启及调谐

1. 检查质谱放空阀门是否关闭,毛细管柱是否接好。

2. 打开 He 钢瓶,调节输出压强为 0.5 MPa。

3. 依次启动计算机、气相色谱、质谱的电源。

4. 启动并进入工作站。

5. 进入【Diagnostics/Vacuum Control(诊断与真空控制)】窗口,开始抽真空;同时分别设定离子源和四极杆的温度为 150℃和 230℃。

6. 在 View 的下拉菜单中选择 Manual Tune,进入调谐界面。

7. 在 Tune 的下拉菜单中选择 Autotune,进入自动调谐状态。自动调谐通过后,在 File 的下拉菜单中选择 Save Tune Values,以 Atune.U 为文件名,以 Custom (.U) 格式,点击【Open】钮将调谐文件保存在 5973n 的目录下。

8. 在 Tune 的下拉菜单中选择 Standard Spectra Tune,进行标准谱图调谐。调谐完成后,在 File 的下拉菜单中选择 Save Tune Values,以 Stune.U 为文件名,以 Custom (.U)格式,点击【Open】钮将调谐文件保存在 5973n 的目录下。

9. 在 View 的下拉菜单中选择 Instrument Control,返回仪器控制界面。

(二) 方法的输入设定

1. 在 Method 的下拉菜单中选择 Edit Entire Method 进入方法编辑界面。

2. 对 Check method section to edit 和 Method to run 等界面中的选项都选中并点击

114

【OK】按钮。

3. 在 Inlet and Injection 界面中，Sample 项选择 GC；Injection source 项选择 Manual；Injection Location 项选择 Front；选中 Use MS，点击【OK】钮确定。

4. 在 Instrument 界面中，点击 Inlet 图标。在 Mode 栏选择 Split，Gas 栏选择 He，分流比 1：20；选中 Heater℃，并在 Setpoint 栏中输入气化室温度 250，点击【Apply】钮确定输入的参数。

5. 单击【Columns】图标，在 Mode 栏选择 Const Flow，Inlet 栏选择 Front，Detector 栏选择 MSD，Outlet psi 栏选择 Vacuum，Flow 栏输入 1.1 mL/min。单击【Apply】确定输入的参数。

6. 单击【Oven】图标，选中 On，将程序升温条件按下表输入：

Oven Ramp	℃/min	Next℃	Hold min
Initial		80	1.00
Ramp1	10.00	180	5.00
Ramp2	0		

单击【Apply】确定输入的参数。

7. 单击【Detector】图标，关闭所有 GC 检测器及气体，单击【Apply】确定。

8. 单击【Aux】图标，在 Heater 栏选中 On，Type 栏选中 MSD，温度按下表设置：

Ramps	℃/min	Next℃	Hold min
Initial		280	0.00
Ramp1	0.00		

单击【Apply】确定输入的参数。

9. 单击【OK】，出现 GC Real Time Plot 界面，直接点击【OK】。

10. 出现 MS Tune File 界面，选择 Stune.U 作为调谐文件，单击【OK】。

11. 出现 MS SIM/Scan Parameters 界面，在 EM Voltage 栏输入 0，Solvent Delay 栏输入 3.2(min)，在 Acq.Mode 栏选择 Scan，单击【OK】。

12. 出现 Select Reports 界面，选中 Percent Report，单击【OK】。

13. 出现 Percent Report Options 界面，选中 Screen，设定为屏幕输出方式，单击【OK】。

14. 出现 Save Method As 界面，输入本方法的名称为 Test.m，单击【OK】以保存方法。

（三）数据的采集

1. 在 Instrument Control 界面中，单击绿箭头图标，出现 Acquisition-Sample Information 界面，分别输入 Operator name、Data File Name(文件名)、Sample Name 等栏的内容，单击【Start Run】，稍后出现进样的提示框。

2. 用微量进样器进 1.0 μL 待测混合溶液,按下 GC 键盘上的【Start】键开始。

3. 出现【Override solvent delay ?】的提示时,单击【No】或不做任何选择。

4. 双击桌面上的【Data Analysis】图标,进入数据分析界面,在 Files 菜单中选择 Take Snapshot(快照)可得到截至快照时刻的所有数据。

（四）数据分析

1. 数据采集结束后,在 Data Analysis 界面中选择 File/Load File,打开得到的谱图。

2. 在不同的谱峰上双击右键,可得到各峰的定性结果和结构式。

3. 选择 Chromatography 中的 Integrate,对谱图积分,也可在调整了积分事件中的有关参数的设置后再积分。

4. 选择 Spectrum 中的 Select Library,出现 Library Search Parameter 界面。在 Library Name 栏中输入 Nist98. L,单击【OK】,确定用来检索的标准谱库。

5. 选择 Spectrum 中的 Library Search Report,出现 Library Search Report Options 界面,在 Style 栏选择 Summary,在 Destination 栏选择 Screen 或 Printer 可在屏幕上显示或打印检索结果报告。

参考学时:4 学时。

第四章
设计性实验

实验三十二　库仑滴定法测定维生素 C 药片中维生素 C 含量

维生素 C 又称抗坏血酸,它能促进骨胶原生物合成,促进组织创伤愈合,具有抗氧化、增强免疫力、促进牙齿和骨骼生长、防止牙床出血等作用。维生素 C 缺乏时,会导致坏血病,损害人体健康。维生素 C 是人体必需的一种营养素,通过食物供应来获取,人体自身无法合成。

维生素 C 含量的测定方法有紫外分光光度法、高效液相色谱法和库仑滴定法等。本实验要求采用库仑滴定法,以电解 KI(或 KBr)产生的 I_2(或 Br_2)来测定维生素 C 含量。

一、目的要求

1. 通过对维生素 C 药片实际样品分析方案的设计,培养学生解决实际问题的能力。

2. 掌握库仑仪的使用方法和操作技术。

3. 掌握库仑滴定法测定维生素 C 的实验方法。

二、设计要求

1. 写出库仑滴定法测定的基本原理。

2. 设计本实验的实验内容与具体的实验步骤,明确本实验的关键点。

3. 注明器材名称及型号、药品浓度及用量等。

4. 独立完成实验后,按要求格式撰写实验报告,包括题目、作者、方法原理、器材与药品、实验步骤、结果与讨论等。

三、设计提示

1. 维生素 C 溶于水,但片剂中含淀粉、硬脂酸镁辅料,建议配制样品溶液时用超声波助溶。

2. 为减缓维生素 C 被空气中的氧气氧化的速率,电解液应呈酸性。本实验电解液可以用 KI(或 KBr)加 HCl(H_3PO_4、冰醋酸也都可以)组成。

3. 库仑滴定要求在电解过程中控制工作电极的电位保持恒定值,使被测物质以 100% 的电流效率进行电解,所以要求知道如何保证 100% 的电流效率。

4. 设计方案时选择适宜的判断滴定反应终点的方法。

5. 要求重复测定 3～4 次。

四、器材与药品

1. 器材

通用库仑仪　电解池装置(双铂工作电极、双铂指示电极)　超声波清洗器　电子天平　电磁搅拌器　磁力搅拌子　容量瓶(100 mL,250 mL,50 mL)　吸量管(10 mL,5 mL,1 mL)　其他玻璃仪器任选

2. 药品

KI(或 KBr)固体　HCl(或 H_3PO_4 或冰醋酸)　维生素 C 药片　淀粉

五、注意事项

1. 仔细阅读仪器说明书。库仑仪在使用过程中,断开电极连线或电极离开溶液时必须先释放"启动"键(处于弹出状态),以保证仪器的指示回路受到保护,避免损坏机内的部件。

2. 重复测定时最好更换电解液和测定试液,每次测定前要清洗电解池和电极。

3. 电极的极性切勿接错,若接错必须仔细清洗电极。

六、思考题

1. 库仑滴定法必须满足的基本条件是什么?

2. 写出实验中在各个电极上发生的电极反应。

3. 为何电解电极的阴极要置于保护套中,而指示电极则不需要?

4. 该滴定反应能否在碱性条件下进行?

参考学时:4 学时。

实验三十三　食品中防腐剂的定性及定量分析

食品添加剂是为改善食品品质和色、香、味以及防腐和加工工艺的需要而加入食品中的化学合成或天然物质。按功能用途可分为防腐剂、甜味剂、抗氧化剂、着色剂、发色剂等多种类型。为保证食品安全,我国对食品添加剂的种类和含量进行严格的控制和监测。请你根据所学知识并通过文献检索,自行设计实验,完成食品添加剂中防腐剂的定性定量测定。

一、目的要求

1. 了解防腐剂的主要类型。

2. 熟悉气相色谱法对化合物进行定性及定量分析的操作。

3. 培养学生分析和解决实际问题的能力。

二、设计要求

1. 写出设计方案,包括实验原理、实验步骤以及实验所用的器材与药品。

2. 根据自己设计的实验步骤进行实验,如实记录实验数据,计算实验结果,并进行结果分析。

3. 独立完成实验后,按要求撰写实验报告,包括题目、作者、方法原理、仪器与试剂、实验步骤、结果与讨论等。

三、设计提示

1. 防腐剂主要包括苯甲酸、山梨酸及其盐等。

2. 采样后,采用液—液萃取提取和富集食品中的防腐剂。

3. 用气相色谱法对防腐剂进行定性定量分析。

四、器材与药品

1. 器材

气相色谱仪附氢火焰离子化检测器　电子天平　带塞量筒(25 mL)　容量瓶(25 mL)　吸量管(1 mL,5 mL)　其他玻璃仪器任选

2. 药品

乙醚　盐酸　无水硫酸钠　石油醚(沸程 30℃～60℃)　盐酸(1∶1)

$40\ g \cdot L^{-1}$氯化钠酸性溶液:于 $40\ g \cdot L^{-1}$氯化钠溶液中加少量盐酸酸化。

$2\ g \cdot L^{-1}$山梨酸、苯甲酸标准溶液:准确称取山梨酸、苯甲酸各 0.200 0 g,置于 100 mL容量瓶中,用石油醚—乙醚 3∶1 混合溶剂溶解后稀释至刻度。此溶液每毫升相当于 2.0 mg 山梨酸和苯甲酸。

五、注意事项

1. 乙醚易挥发,使用时应在通风橱中操作,使用后应立即盖好量筒塞。

2. 利用标准曲线法进行定量,每次测定取的试样量必须相同。

六、思考题

1. 样品前处理时需要注意哪些问题?

2. 如何根据待测化合物性质选择合适的实验方法?

参考学时:8 学时。

实验三十四　穿心莲片中穿心莲内酯的含量分析

穿心莲片是由穿心莲干浸膏加辅料（淀粉）制成的中药片剂，具有清热解毒、凉血消肿的功效，用于邪毒内盛、感冒发热、咽喉肿痛。穿心莲片主要活性成分为穿心莲内酯，其含量的多少直接决定了穿心莲片的功效和质量。请根据所学的知识并查阅文献，自行设计实验，完成穿心莲片中穿心莲内酯含量的测定。

一、目的要求

1. 掌握高效液相色谱法定量测定复杂样品中某组分的方法。

2. 熟悉高效液相色谱仪的操作流程。

3. 了解样品的前处理方法。

二、设计要求

1. 查阅相关文献，了解复方穿心莲片的组成和穿心莲内酯的化学结构，总结文献中关于穿心莲内酯的测定方法。

2. 写出详细的实验步骤，注明器材名称及型号、药品浓度及用量等。

3. 独立完成实验后，按要求格式撰写实验报告，包括题目、作者、方法原理、器材与药品、实验步骤、结果与讨论等。

三、设计提示

1. 中药中成分的测定一般采用反相高效液相色谱法进行，穿心莲片中内酯类成分有多种，需要优化色谱条件，保证方法的专属性。

2. 高效液相色谱法定量主要采用标准曲线法，需要对方法进行验证，验证的内容包括精密度试验、重复性试验、稳定性试验和回收试验等。

四、器材与药品

1. 器材

高效液相色谱仪（配紫外检测器）　C_{18}色谱柱　超声提取装置　电子分析天平

2. 药品

复方穿心莲片　穿心莲内酯对照品　色谱纯甲醇和乙腈　超纯水

五、注意事项

1. 严格按照高效液相色谱仪的操作规程完成实验。

2. 制作标准曲线的标准溶液的浓度范围要合理。

六、思考题

1. 如何确定穿心莲内酯的检测波长？

2. 高效液相色谱法测定样品含量的方法有哪些？

3. 样品前处理的方法有哪些？各有什么特点？

参考学时：6~8学时。

实验三十五　原子吸收分光光度法测量中药材丹参中重金属的含量

丹参是一味常用中药，别名红根、紫丹参、血参根等，因其药用的根部呈紫红色而得名。丹参在生长过程中会受到外界环境如泥土、空气、水中污染物的污染，使其重金属含量增高，农药及肥料的使用也可能导致丹参重金属含量上升。中药材中有害重金属元素通常指铅、镉、汞、铜、铬等。请你根据所学知识并通过文献检索，自行设计实验，使用原子吸收分光光度法进行丹参中重金属定量测定。

一、目的要求

1. 掌握中药材丹参样品的前处理方法。

2. 熟练掌握原子吸收分光光度法测量中药材丹参中重金属含量的操作。

3. 培养学生分析和解决实际问题的能力。

二、设计要求

1. 写出设计方案，包括实验原理、实验步骤和实验所用的仪器。

2. 根据自己设计的实验步骤进行实验，如实记录实验数据，计算实验结果，并进行结果分析。

3. 独立完成实验后，按要求撰写实验报告，包括题目、作者、方法原理、仪器与试剂、实验步骤、结果与讨论等。

三、设计提示

1. 主要检测丹参中铅、镉、铜等重金属。

2. 经湿法消解样品后，采用火焰法及石墨炉法进行分析。

四、器材与药品

1. 器材

原子吸收光谱仪　铅、镉、铜空心阴极灯　微波消解仪　容量瓶（25 mL）　吸量管（5 mL,1 mL）　其他玻璃仪器任选

2. 药品

硝酸（优级纯）　高氯酸　铅、镉、铜标准储备液　超纯水

五、注意事项

1. 应尽量将样品处理成无色透明或淡黄色溶液。

2. 涉及危险品化学试剂和危险性较大的实验操作,必须在教师的指导下严格按操作规范进行操作。

六、思考题

1. 样品前处理时需要注意哪些问题?

2. 火焰法及石墨炉法分别在什么条件下使用?

参考学时:4学时。

实验三十六　红外光谱法定性鉴定苯甲酸和苯甲酸钠的分子结构

　　红外光谱的最大特点是与各种类型化学键的振动特征相联系,化合物分子结构不同,分子中各个基团的振动频率不同,其红外吸收光谱也不同,即使是同一个基团,当它的结构发生微小改变时,红外光谱的特征吸收也将随之发生改变,利用这一特性,可进行有机化合物的结构分析、定性鉴定和定量分析。请你根据所学知识并通过查阅文献,自行设计并完成红外光谱法定性鉴定苯甲酸和苯甲酸钠的分子结构。

一、目的要求

1. 掌握压片法制作固体试样的方法。

2. 熟悉红外光谱仪的工作原理和使用方法。

3. 了解根据分子的特征吸收峰,定性鉴定出化合物分子结构的方法。

二、设计要求

1. 写出定性鉴定的基本原理。

2. 写出具体的实验步骤,注明器材名称及型号、药品及纯度要求等。

3. 独立完成实验后,按要求撰写实验报告,包括题目、作者、方法原理、器材与药品、实验步骤、结果与讨论、红外光谱图等。

三、设计提示

苯甲酸以固体形式存在时,主要是苯甲酸二分子缔合体,而苯甲酸钠固体不存在二分子缔合体。

四、器材与药品

1. 器材

傅里叶变换红外光谱仪　压片机　模具　玛瑙研钵　不锈钢药匙　红外干燥灯

2. 药品

KBr(光谱纯)　苯甲酸(AR)　苯甲酸钠(AR)

五、注意事项

1. 固体样品经研磨(红外灯下)后仍应防止吸潮。
2. 压片用模具用后应立即把各部分擦干净。
3. KBr 粉末必须尽可能地纯净并保持干燥。
4. 充分研磨样品和 KBr 粉末。

六、思考题

1. 苯甲酸和苯甲酸钠红外光谱图的主要区别在哪里?
2. 将所做样品的红外光谱归属 3~5 个特征吸收峰,并推断分子的结构。

参考学时:4 学时。

实验三十七 硫酸奎宁的荧光光谱及含量测定

硫酸奎宁是喹啉类衍生物,能与疟原虫的 DNA 结合,形成复合物抑制 DNA 的复制和 RNA 的转录,从而抑制疟原虫的蛋白合成,适用于耐氯喹等多种药物虫株所致的恶性疟疾。分子式 $C_{40}H_{50}N_4O_8S$,分子量 746.912。化学名称:(8S,9R)-6′-甲氧基-金鸡纳-9-醇基硫酸盐二水合物,结构如图 4-37-1 所示。硫酸奎宁分子具有喹啉环结构,可产生较强的荧光。请你根据所学知识并通过查阅文献,自行设计并完成荧光法测定硫酸奎宁的含量。

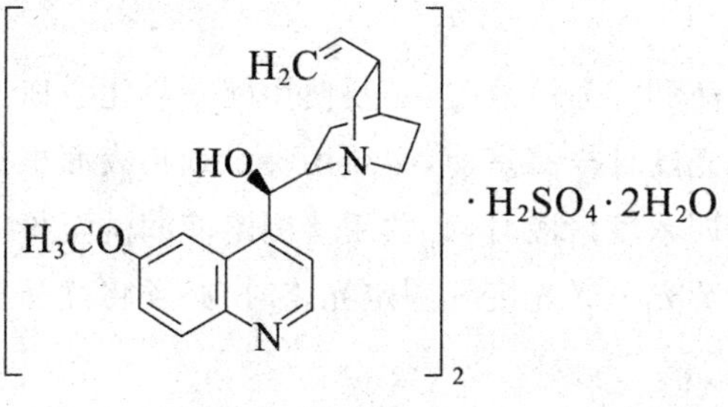

图 4-37-1 硫酸奎宁结构图

一、目的要求

1. 掌握荧光分光光度计的基本结构及操作方法。
2. 掌握荧光产生及测量的过程。
3. 学会荧光分析法中标准曲线定量分析方法。
4. 了解影响荧光强度的因素。

二、设计要求

1. 写出测定的方法和计算公式。

2. 写出具体的实验步骤,注明器材名称及型号、药品浓度及用量等。

3. 独立完成实验后,按要求格式撰写实验报告,包括题目、作者、方法原理、器材与药品、实验步骤、结果与讨论等。

三、设计提示

1. 硫酸奎宁荧光光谱的绘制

硫酸奎宁分子具有喹啉环结构,可产生较强的荧光。用荧光分光光度计固定激发光波长(365 nm)测定其荧光光谱,设计出表格,记录硫酸奎宁各波长荧光强度值(注意测定波长间隔的设计)。以波长为横坐标,荧光相对强度为纵坐标,在坐标纸上绘出荧光光谱图,确定最大发射波长。

2. 硫酸奎宁含量测定

荧光强度测定方法常采用校正曲线法。配制系列硫酸奎宁标准溶液,在最大激发波长和发射波长处分别测定荧光强度。以浓度为横坐标,荧光强度为纵坐标绘制校正曲线,同时测定样品荧光强度。通过校正曲线,求得样品溶液中硫酸奎宁的浓度。

四、器材与药品

1. 器材

荧光分光光度计   容量瓶(50 mL)   移液管(5 mL)   1 cm 石英荧光比色皿

2. 药品

$0.050 \text{ mol} \cdot \text{L}^{-1}$ 硫酸溶液   硫酸奎宁样品溶液 $100 \ \mu\text{g} \cdot \text{mL}^{-1}$ 硫酸奎宁标准储备液

五、注意事项

1. 测定系列标准溶液和样品溶液时,必须使用同一只比色皿。

2. 比色皿放入荧光光度计样品室前,必须用吸水纸将表面擦拭干净。

3. 比色皿在换装不同浓度溶液时,必须用待测溶液润洗至少三次。

4. 在比色皿未放入荧光分光光度计测定光路时,必须将样品室舱盖打开。

六、思考题

1. 实验过程中,有调零步骤,其作用是什么?

2. 如果不进行调零操作,对实验结果有无影响?为什么?

3. 什么情况下,必须进行调零操作?

参考学时:4学时。

实验三十八　兔血中阿司匹林的含量测定

　　阿司匹林(aspirin)，又名乙酰水杨酸(acetulsalicylic acid)，为较温和的解热镇痛药，在临床上有广泛的应用。血药物浓度指药物吸收后在血浆内的总浓度。血药浓度的测定可以为药物作用机制研究、给药方案确定、药物评选(是否高效、速效、长效)及临床用药指导等提供科学依据，对新药开发和评价具有十分重要的意义。请你根据所学知识并通过文献检索，自行设计实验，完成兔血中阿司匹林的含量测定。

一、目的要求

　　1. 通过对实际样品分析方案的设计及实验，培养学生分析问题和解决问题的能力。

　　2. 学会测定血液中药物浓度的方法。

　　3. 了解血液中药物浓度测定的基本过程。

二、设计要求

　　1. 根据设计提示，选择合适的测定方法，拟定合理的实验方案，写出测定的基本原理、计算公式和具体的实验步骤。

　　2. 注明器材名称及型号、药品浓度及用量等。

　　3. 独立完成实验后，按要求格式撰写实验报告，包括题目、作者、方法原理、器材与药品、实验步骤、结果与讨论等。

三、设计提示

　　1. 健康家兔，灌胃给药，给药剂量 50 mg·kg^{-1}～100 mg·kg^{-1}。给药后 0.5 h～1.5 h，耳静脉取血 2 mL～5 mL。血样静置，离心取血清进行药物含量测定。

　　2. 阿司匹林在体内转化为水杨酸盐，在紫外区有特征吸收，可采用配备有紫外检测器的高效液相色谱仪进行含量测定。

　　3. 血清中的蛋白质用升汞沉淀后，铁盐与水杨酸盐作用显紫色，显色强度与水杨酸的浓度成正比，可采取紫外分光光度法进行含量测定。

　　4. 还可采用高效液相色谱—质谱联用法、气相色谱—质谱联用法、高效液相色谱—荧光检测法。

　　5. 含量测定的方法通常有标准曲线法、外标法和内标法。

四、器材与药品

　　1. 器材

　　高效液相色谱仪系统(包括紫外检测器或荧光检测器，色谱数据处理软件)　电子分析天平(0.000 1 g)　双波长紫外分光光度计　离心机　其他需要而未列出的仪器请提前说明

开口器　镊子　手术剪　手术刀片　离心管　棉球　其他常规器材任选

2. 药品

阿司匹林片　阿司匹林对照品　色谱纯甲醇　分析纯甲醇　纯净水　医药酒精　氯化汞—硝酸铁混合水溶液(摩尔比1∶1)　其他需要而未列出的药品请提前说明

五、注意事项

1. 标准曲线法测定含量时,要保证测定样品的浓度落在标准曲线的线性范围内。可以根据血样中阿司匹林的大致浓度确定各标准溶液浓度。

2. 为保证结果的准确性,对阿司匹林对照品须精密称定。

3. 内标法和外标法仅限于高效液相色谱法。

4. 内标法中,内标物应选择结构与阿司匹林相似,且在色谱峰上能完全分离的物质,如苯甲酸。

六、思考题

1. 评价各测定方法的优劣。

2. 血样前处理需要注意哪些问题?

参考学时:实验方案设计4学时,实验操作6学时。

附 录

附录一　pH 基准缓冲溶液的 pHs 值

温度℃	0.05 mol/kg 四草酸氢钾	25℃饱和酒石酸氢钾	0.05 mol/kg 邻苯二甲酸氢钾	0.025 mol/kg 混合磷酸盐	0.008 69 mol/kg 磷酸二氢钾 0.003 043 mol/kg 磷酸氢二钠	0.01 mol/kg 硼砂	25℃饱和氢氧化钙
0	1.668		4.006	6.981	7.515	9.458	13.416
5	1.669		3.999	6.949	7.490	9.391	13.210
10	1.671		3.996	6.921	7.467	9.330	13.011
15	1.673		3.996	6.898	7.445	9.276	12.820
20	1.676		3.998	6.879	7.426	9.226	12.637
25	1.680	3.559	4.003	6.864	7.409	9.182	12.460
30	1.684	3.551	4.010	6.852	7.395	9.142	12.592
35	1.688	3.547	4.019	6.844	7.386	9.105	12.130
40	1.694	3.547	4.029	6.838	7.380	9.072	11.975
45	1.700	3.550	4.042	6.834	7.379	9.42	11.828
50	1.706	3.555	4.055	6.833	7.383	9.015	11.697
55	1.713	3.563	4.070	6.834		8.990	11.553
60	1.721	3.573	4.087	6.837		8.968	11.426
70	1.739	3.596	4.122	6.847		8.926	
80	1.759	3.622	4.161	6.862		8.890	
90	1.782	3.648	4.202	6.881		8.856	
95	1.795	3.660	4.224	6.891		8.839	

附录二　标准电极电位表(25℃)

电极反应	φ^{θ}/V
$Li^+ + e^- \rightarrow Li$	$-3.040\ 1$
$K^+ + e^- \rightarrow K$	-2.931
$Ca^{2+} + 2e^- \rightarrow Ca$	-2.868
$Na^+ + e^- \rightarrow Na$	-2.71
$Mg^{2+} + 2e^- \rightarrow Mg$	-2.372
$Al^{3+} + 3e^- \rightarrow Al$	-1.662
$Mn^{2+} + 2e^- \rightarrow Mn$	-1.185
$Se + 2e^- \rightarrow Se^{2-}$	-0.92
$Cr^{2+} + 2e^- \rightarrow Cr$	-0.913
$Zn^{2+} + 2e^- \rightarrow Zn$	$-0.761\ 8$
$Fe^{2+} + 2e^- \rightarrow Fe$	-0.447
$Cr^{3+} + e^- \rightarrow Cr^{2+}$	-0.407
$Cd^{2+} + 2e^- \rightarrow Cd$	-0.403
$AgI + e^- \rightarrow Ag + I^-$	$-0.152\ 24$
$Sn^{2+} + 2e^- \rightarrow Sn$	$-0.137\ 5$
$Pb^{2+} + 2e^- \rightarrow Pb$	$-0.126\ 2$
$2H^+ + 2e^- \rightarrow H_2$	0
$AgBr + e^- \rightarrow Ag + Br^-$	$0.071\ 16$
$Cu^{2+} + e^- \rightarrow Cu^+$	0.153
$AgCl + e^- \rightarrow Ag + Cl^-$	$0.222\ 33$
$Hg_2Cl_2 + 2e^- \rightarrow 2Hg + 2Cl^-$	$0.267\ 6$
$Cu^{2+} + 2e^- \rightarrow Cu$	$0.341\ 9$
$Cu^+ + e^- \rightarrow Cu$	0.521
$I_2 + 2e^- \rightarrow 2I^-$	$0.535\ 5$
$Fe^{3+} + e^- \rightarrow Fe^{2+}$	0.771
$Hg_2^{2+} + 2e^- \rightarrow 2Hg$	$0.797\ 1$
$Ag^+ + e^- \rightarrow Ag$	$0.799\ 6$
$Hg^{2+} + 2e^- \rightarrow Hg$	0.851

电极反应	φ^{θ}/V
$H_2O_2 + 2e^- \rightarrow 2OH^-$	0.88
$Br_2 + 2e^- \rightarrow 2Br^-$	1.066
$O_2 + 4H^+ + 4e^- \rightarrow 2H_2O$	1.229
$Cr_2O_7^{2-} + 14H^+ + 6e^- \rightarrow 2Cr^{3+} + 7H_2O$	1.232
$Cl_2 + 2e^- \rightarrow 2Cl^-$	1.358 27
$MnO_4^- + 8H^+ + 5e^- \rightarrow Mn^{2+} + 4H_2O$	1.507
$H_2O_2 + 2H^+ + 2e^- \rightarrow 2H_2O$	1.77
$F_2 + 2e^- \rightarrow 2F^-$	2.866

附录三　主要基团的红外特征吸收峰

基团	振动类型	波数（cm^{-1}）	波长（μm）	强度	备注
一、烷烃类	CH 伸缩	3 000～2 843	3.33～3.52	中、强	分为反对称
	CH 伸（反对称）	2 972～2 880	3.37～3.47	中、强	与对称伸缩
	CH 伸（对称）	2 882～2 843	3.49～3.52	中、强	异丙基及叔
	CH 弯曲（面内）	1 490～1 350	6.70～7.41		丁基有分裂
	C—C 伸缩（骨架振动）	1 250～1 140	8.00～8.77		
1. —CH_3	CH 伸缩（反对称）	2 962±10	3.38±0.01	强	
	CH 伸缩（对称）	2 872±10	3.4±0.01	强	
	CH 弯曲（反对称、面内）	1 450±20	6.90±0.10	中	
	CH 弯曲（对称、面内）	1 380～1 365	7.25～7.33	强	
2. —CH_2—	CH 伸缩（反对称）	2 962±10	3.42±0.01	强	
	CH 伸缩（对称）	2 853±10	3.51±0.01	强	
	CH 弯曲（面内）	1 465±20	6.83±0.10	中	
3. —CH—	CH 伸缩	2 890±10	3.46±0.01	弱	
	CH 弯曲（面内）	～1 340	～7.46	弱	
二、烯烃类	CH 伸缩	3 100～3 000	3.23～3.33	中、弱	共轭为双峰
	C＝C 伸缩	1 695～1 630	5.90～6.13	不定	中间有数
	CH 弯曲（面内）	1 430～1 290	7.00～7.75	中	段间隔
	CH 弯曲（面外）	1 010～650	9.90～15.4	强	
1. 二取代（顺式）	CH 伸缩	3 050～3 000	3.28～3.33	中	
	CH 弯曲（面内）	1 310～1 295	7.63～7.72	中	
	CH 弯曲（面外）	730～650	13.70～15.38	强	
2. 二取代（反式）	CH 伸缩	3 050～3 000	3.28～3.33	中	
	CH 弯曲（面外）	980～965	10.20～10.36	强	
3. 单取代 —HC＝CH_2	CH 伸缩（反对称）	3 092～3 077	3.23～3.25	中	
	CH 伸缩（对称）	3 025～3 012	3.31～3.32	中	
	CH 弯曲（面外）	995～985	10.02～10.15	强	
	CH_2 弯曲（面外）	910～905	10.99～11.05	强	

续表

基团	振动类型	波数(cm^{-1})	波长(μm)	强度	备注
三、炔烃类	CH 伸缩	~3 300	~3.03	中	一般无应用价值
	C≡C 伸缩	2 270~2 100	4.41~4.76	中	
	CH 弯曲(面内)	1 260~1 245	7.94~8.03		
	CH 弯曲(面外)	645~615	15.50~16.25	强	
四、取代苯类	CH 伸缩	3 100~3 000	3.23~3.33	变	一般三、四个峰,苯环高度特征峰
	泛频峰	2 000~1 667	5.00~6.00	弱	
	骨架振动($V_{C=C}$)	1 650~1 430	6.06~6.99	中、强	确定苯环存在最重要峰之一
	CH 弯曲(面内)	1 250~1 000	8.00~10.00	弱	
	CH 弯曲(面外)	910~665	10.99~15.03	强	确定取代位置最重要峰
	苯环的骨架振动 ($V_{C=C}$)	1 600±20	6.25±0.08		
		1 500±25	6.67±0.10		
		1 580±10	6.33±0.04		
		1 450±20	6.90±0.10		
1. 单取代	CH 弯曲(面外)	770~730	12.99~13.70	极强	五个相邻氢
2. 邻-双取代	CH 弯曲(面外)	770~730	12.99~13.70	极强	四个相邻氢
3. 间-双取代	CH 弯曲(面外)	810~750	12.35~13.33	极强	三个相邻氢
		900~860	11.12~11.63	中	一个氢(次要)
4. 对-双取代	CH 弯曲(面外)	860~800	11.63~12.50	极强	二个相邻氢
5. 1,2,3-三取代	CH 弯曲(面外)	810~750	12.35~13.33	强	三个相邻氢与间双易混
6. 1,3,5-三取代	CH 弯曲(面外)	874~835	11.44~11.98	强	一个氢
7. 1,2,4-三取代	CH 弯曲(面外)	885~860	11.30~11.63	中	一个氢
		860~800	11.63~12.50	强	二个相邻氢
五、醇与酚类	OH 伸缩	3 700~3 200	2.70~3.13	变	
	OH 弯曲(面内)	1 410~1 260	7.09~7.93	弱	
	C—O 伸缩	1 260~1 000	7.94~10.00	强	
	O—H 弯曲(面外)	750~650	13.33~15.38	强	液态有此峰

基团	振动类型	波数(cm⁻¹)	波长(μm)	强度	备注
1. OH 伸缩缩频率					
游离 OH	OH 伸缩	3 650~3 590	2.74~2.79	强	锐锋
分子间氢键	OH 伸缩	3 500~3 300	2.86~3.03	强	钝峰(稀释向低频移动)
分子间氢键	OH 伸缩(单桥)	3 570~3 450	2.80~2.90	强	钝峰(稀释无影响)
2. OH 弯曲或 C—O 伸缩					
伯醇(饱和)	OH 弯曲(面内)	~1 400	~7.14	强	
	C—O 伸缩	1 250~1 000	8.00~10.00	强	
仲醇(饱和)	OH 弯曲(面内)	~1 400	~7.14	强	
	C—O 伸缩	1 125~1 000	8.89~10.00	强	
叔醇(饱和)	OH 弯曲(面内)	~1 400	~7.14	强	
	C—O 伸缩	1 210~1 100	8.26~9.09	强	
酚类(φOH)	OH 弯曲(面内)	1 390~1 330	7.20~7.52	中	
	C—O 伸缩	1 260~1 180	7.94~8.47	强	
六、醚类	C—O—C 伸缩	1 270~1 010	7.87~9.90	强	或标 C—O 伸缩(下同)
1. 脂链醚					
饱和醚	C—O—C 伸缩	1 150~1 060	8.70~9.43	强	
不饱和醚	=C—O—C 伸缩	1 225~1 200	8.16~8.33	强	
2. 脂环醚					
四元环	C—O—C 伸缩(反对称)	~1 030	~9.71	强	
	C—O—C 伸缩(对称)	~980	~10.20	强	
五元环	C—O—C 伸缩(反对称)	~1 050	~9.52	强	
	C—O—C 伸缩(对称)	~900	~11.11	强	
更大环	C—O—C 伸缩	~1 100	~9.09	强	
3. 芳醚 (氧与芳环相连)	=C—O—C 伸缩(反对称)	1 270~1 230	7.87~8.13	强	氧与侧链碳相连的芳醚同脂醚
	=C—O—C 伸缩(对称)	1 050~1 000	9.52~10.00	中	
	CH 伸缩	~2 825	~3.53	弱	含—CH₃ 芳醚(O—CH₃)

基团	振动类型	波数(cm^{-1})	波长(μm)	强度	备注
七、醛类 （—CHO）	CH 伸缩	2 850～2 710	3.51～3.69	弱	一般为 2 820 及 ～2 720 cm^{-1} 两 个谱带
	C=O 伸缩	1 755～1 655	5.70～6.00	很强	
	CH 弯曲（面外）	975～780	10.26～12.80	中	
1. 饱和脂肪醛	C=O 伸缩	～1 725	～5.80	强	
2. α,β-不饱和醛	C=O 伸缩	～1 685	～5.93	强	
3. 芳醛	C=O 伸缩	～1 695	～5.90	强	
八、酮类	C=O 伸缩	1 700～1 630	5.78～6.13	极强	
	C—C 伸缩	1 250～1 030	8.00～9.70	弱	
	泛频	3 510～3 390	2.85～2.95	很弱	
1. 脂酮 饱和链状酮	C=O 伸缩	1 725～1 705	5.80～5.86	强	
α,β-不饱和酮	C=O 伸缩	1 690～1 675	5.92～8.97	强	
β 二酮(烯醇式)	C=O 伸缩	1 640～1 540	6.10～6.49	强	很宽的谱带
2. 芳酮类	C=O 伸缩	1 700～1 630	5.88～6.14	强	
Ar-CO	C=O 伸缩	1 690～1 680	5.92～5.95	强	
二芳酮	C=O 伸缩	1 670～1 660	5.99～6.02	强	
1-酮基-2-羟基 （或氨基）芳酮	C=O 伸缩	1 665～1 635	6.01～6.12	强	
3. 脂环酮 　四元环酮	C=O 伸缩	～1 775	～5.63		
五元环酮	C=O 伸缩	1 750～1 740	5.71～5.75	强	
六元,七元环酮	C=O 伸缩	1 745～1 725	5.73～5.80	强	
九、羧酸类 （—COOH）	OH 伸缩	3 400～2 500	2.94～4.00	中	单体酸 OH 伸缩 为 锐 锋 在 ～3 350 cm^{-1}；二 聚体为宽峰，以 ～3 000 cm^{-1}中心 二聚体
	C=O 伸缩	1 740～1 650	5.75～6.06	强	
	OH 弯曲（面内）	～1 430	～6.99	弱	
	C—O 伸缩	～1 300	～7.69	中	
	OH 弯曲（面外）	950～900	10.53～11.11	弱	

基团	振动类型	波数(cm^{-1})	波长(μm)	强度	备注
1. 脂肪酸 R—COOH	C=O 伸缩	1 725～1 700	5.80～5.88	强	
α,β-不饱和酸	C=O 伸缩	1 705～1 690	5.87～5.91	强	
2. 芳酸	C=O 伸缩	1 700～1 680	5.88～5.95	强	二聚体
	C=O 伸缩	1 670～1 650	5.99～6.06	强	分子内氢键
十、羧酸盐	C=O 伸缩（反对称）	1 610～1 550	6.21～6.45	强	
	C=O 伸缩（对称）	1 440～1 360	6.94～7.35	中	
十一、酸酐 　链酸酐	C=O 伸缩（反对称）	1 850～1 800	5.41～5.56	强	共轭时每个谱带
	C=O 伸缩（对称）	1 780～1 740	5.62～5.75	强	降 20 cm^{-1}
	C—O 伸缩	1 170～1 050	8.55～9.52	强	
环酸酐 　（五元环）	C=O 伸缩（反对称）	1 870～1 820	5.35～5.49	强	共轭时每个谱带
	C=O 伸缩（对称）	1 800～1 750	5.56～5.71	强	降 20 cm^{-1}
	C—O 伸缩	1 300～1 200	7.69～8.33	强	
十二、酯类	C=O 伸缩（泛频）	～3 450	～2.90	弱	
	C=O 伸缩	1 770～1 720	5.65～5.81	强	多数酯
	C—O—C 伸缩	1 280～1 100	7.81～9.09	强	
1. C=O 伸缩 　饱和酯类	C=O 伸缩	1 744～1 739	5.73～5.75	强	
α,β-不饱和酯类	C=O 伸缩	～1 720	～5.81	强	
δ-内酯	C=O 伸缩	1 750～1 735	5.71～5.76	强	
γ-内酯(饱和)	C=O 伸缩	1 780～1 760	5.62～5.68	强	
β-内酯	C=O 伸缩	～1 820	～5.50	强	
十三、胺	NH 伸缩	3 500～3 300	2.86～3.03	中	伯胺强,中;仲胺极弱
	NH 弯曲（面内）	1 650～1 550	6.06～6.45	中	
	C—N 伸缩	1 340～1 020	7.46～9.80	强	
	NH 弯曲（面外）	900～650	11.1～15.4		

基团	振动类型	波数(cm^{-1})	波长(μm)	强度	备注
1.伯胺类	NH 伸缩(反对称)	~3 500	~2.86	中	双峰
	NH 伸缩(对称)	~3 400	~2.94	中	
	NH 弯曲(面内)	1 650~1 590	6.06~6.29	强、中	
	C—N 伸缩(芳香)	1 380~1 250	7.25~8.00	强	
	C—N 伸缩(脂肪)	1 250~1 020	8.00~9.80	中、弱	
2.仲胺类	NH 伸缩	3 500~3 300	2.86~3.03	中	一个峰
	NH 弯曲(面内)	1 650~1 550	6.06~6.45	极弱	
	C—N 伸缩(芳香)	1 350~1 280	7.41~7.81	强	
	C—N 伸缩(脂肪)	1 220~1 020	8.20~9.80	中、弱	
3.叔胺类	C—N 伸缩(芳香)	1 360~1 310	7.35~7.63	中	
	C—N 伸缩(脂肪)	1 220~1 020	8.20~9.80	中、弱	
十四、酰胺 (脂肪与芳香酰 胺数据类似)	NH 伸缩	3 500~3 100	2.86~3.22	强	伯酰胺双峰,仲 酰胺单峰
	C＝O 伸缩	1 680~1 630	5.95~6.13	强	谱带 Ⅰ
	NH 弯曲(面内)	1 640~1 550	6.10~6.45	强	谱带 Ⅱ
	C—N 伸缩	1 420~1 400	7.04~7.14	中	谱带 Ⅲ
1.伯酰胺	NH 伸缩(反对称)	~3 350	~2.98	强	
	NH 伸缩(对称)	~3 180	~3.14	强	
	C＝O 伸缩	1 680~1 650	5.95~6.06	强	
	NH 弯曲(剪式)	1 650~1 625	6.06~6.15	强	
	C—N 伸缩	1 420~1 400	7.04~7.14	中	
	NH$_2$ 面内摇	~1 150	~8.70	弱	
	NH$_2$ 面外摇	750~600	1.33~1.67	中	
2.仲酰胺	NH 伸缩	~3 270	~3.09	强	
	C＝O 伸缩	1 680~1 630	5.95~6.13	强	
	NH 弯曲+C—N 伸缩	1 570~1 515	6.37~6.60	中	二者重合
	C—N 伸缩+NH 弯曲	1 310~1 200	7.63~8.33	中	二者重合
3.叔酰胺	C＝O 伸缩	1 670~1 630	5.99~6.13		
十五、腈类化 合物					
脂肪族腈	C≡N 伸缩	2 260~2 240	4.34~4.46	强	
芳香腈	C≡N 伸缩	2 240~2 220	4.46~4.51	强	
α,β-不饱和腈	C≡N 伸缩	2 235~2 215	4.47~4.52	强	

基团	振动类型	波数(cm^{-1})	波长(μm)	强度	备注
十六、硝基化合物					
1.脂肪硝基化合物	NO$_2$ 伸缩(反对称)	1 590～1 545	6.29～6.54	强	
	NO$_2$ 伸缩(对称)	1 390～1 350	7.19～7.41	强	
	C—N 伸缩	920～800	10.87～12.50	中	
2.芳香硝基化合物	NO$_2$ 伸缩(反对称)	1 530～1 510	6.54～6.62	强	
	NO$_2$ 伸缩(对称)	1 350～1 330	7.41～7.52	强	
	C—N 伸缩	860～840	11.63～11.90	强	

附录四 质子化学位移表 *

质子类型	化学位移(δ, ppm)	质子类型	化学位移(δ, ppm)
$(CH_3)_4Si$	0	⬡—H	6.5～8
—CH_3	0.9	O‖—C—H	9.0～10
—CH_2—	1.3	I—C—H	2.5～4
—CH—	1.4	Br—C—H	2.5～4
—C=C—CH_3	1.7	Cl—C—H	3～4
O‖—C—CH_3	2.1	F—C—H	4～4.5
⬡—CH_3	2.3	RNH_2	可变,1.5～4
—C≡C—H	2.4	ROH	可变,2～5
R—O—CH_3	3.3	ArOH	可变,4～7
R—C=CH_2 | R	4.7	O‖—C—OH	可变,10～12
R—C=C—H | | R R	5.3		

* :此表中化学位移数值为近似值,准确数值还与所连基团有关。

附录五　质谱中常见的中性碎片与碎片离子

一、常见由分子离子丢失的中性碎片

离子	失去的中性碎片	可能的化合物类型	离子	失去的中性碎片	可能的化合物类型
M−1	H	醛（某些酯和胺）	M−41	C_3H_5	烯烃(烯丙基裂解)、丙基酯、醇
M−15	CH_3	高度分枝的碳链在分枝处甲基裂解、醛、酮、酯	M−42	C_3H_6；CH_2CO	丁基酮、芳香醚、正丁基芳烃、烯、丁基环烷；甲基酮，芳香乙酸酯，$ArNHCOCH_3$
M−16	O,NH_2	硝基物、亚砜、吡啶 $N-$氧化物、环氧、醌、 $ArSO_2NH_2$、 $-CONH_2$	M−43	C_3H_7；CH_3CO	高分枝碳链的丙基、丙基酮、醛、酯、正丁基芳烃；甲基酮
M−17	OH,NH_3	醇、羧酸	M−44	CO_2；C_3H_8；CH_2CHOH	酯(碳架重排)，酐；高度分枝的碳链；醛
M−18	H_2O, NH_4	醇、醛、酮、胺等	M−45	$COOH$；C_2H_5O	羧酸；乙基醚,乙基酯
M−19	F	氟化物	M−46	C_2H_5OH；NO_2	乙酯；$Ar-NO_2$
M−20	HF	氟化物	M−48	SO	芳香亚砜
M−26	$C_2H_2,C\equiv N$	芳烃、腈	M−55	C_4H_7	丁酯
M−27	$CH_2=CH_2$, HCN	酯、R_2CHOH、氮杂环	M−56	C_4H_8	$Ar-C_5H_{11}$、$Ar-n-C_4H_9$、$Ar-i-C_4H_9$、戊基酮、戊酯
M−28	CO, N_2, C_2H_4	醌、甲酸酯、芳烃、乙醚、乙酯、正丙基酮等	M−57	C_4H_9；C_2H_5CO	丁基酮,高度分枝碳链；乙基酮

离子	失去的中性碎片	可能的化合物类型	离子	失去的中性碎片	可能的化合物类型
M－29	CHO、C_2H_5	高度分枝碳链在分枝处乙基裂解、环烷烃、醛	M－60	CH_3COOH	醋酸酯
M－30	C_2H_6、CH_2O、NO、NH_2CH_2	高度分枝碳链在分枝处裂解、芳香甲醚、Ar－NO_2、伯胺类	M－63	C_2H_4Cl	氯化物
M－31	OCH_3、CH_2OH、CH_3NH_2	甲酯、甲醚、醇、胺	M－67	C_5H_7	戊烯酯
M－32	CH_3OH、S	甲酯	M－69	C_5H_9	酯、烯
M－33	H_2O+CH_3、CH_2F、HS	氟化物、硫醇	M－71	C_5H_{11}	高度分枝碳链
M－34	H_2S	硫醇	M－73	$CO_2C_2H_5$	酯
M－35	Cl	氯化物（注意^{37}Cl同位素峰）	M－74	$C_3H_6O_2$	一元羧酸甲酯
M－36	HCl	氯化物	M－77	C_6H_5	芳香化合物
M－39	C_3H_3	丙烯酯	M－79	Br	溴化物（注意^{81}Br同位素峰）
M－40	C_3H_4	芳香化合物	M－127	I	碘化物

二、质谱中一些常见碎片离子

m/z	碎片离子	m/z	碎片离子
14	CH_2	77	C_6H_5
15	CH_3	78	C_6H_5+H
16	O	79	C_6H_5+2H、Br
18	H_2O、NH_4	80	C_5H_6N、HBr

m/z	碎片离子	m/z	碎片离子
19	F	81	C_5H_5O、
26	$C\equiv N$、C_2H_2	85	C_6H_{13}，$C_4H_9C\!=\!O$
27	C_2H_3	86	$(C_3H_7COCH_2+H)$，$C_4H_9CHNH_2$
28	C_2H_4，CO，N_2	87	$COOC_3H_7$
29	C_2H_5，CHO	89	$(COOC_3H_7+2H)$，（苯基—C）
30	CH_2NH_2，NO		
31	CH_2OH，OCH_3	90	CH_3CHONO_2，（苯基—CH）
35	Cl		
36	HCl	91	（苯基—CH_2）
39	C_3H_3		
40	$CH_2\equiv CN$，C_3H_4	92	（苯基—CH_2）$+H$；（吡啶基—CH_2）
41	$CH_2\equiv CN+H$，C_3H_5		
42	C_2H_2O，C_3H_6	94	（苯基—O）$+H$；（吡咯基—$C\!=\!O$）
43	C_3H_7，$CH_3C\!=\!O$		
44	CO_2，(CH_2CHO+H)，$CH_2CH_2NH_2$	95	（呋喃基—$C\!=\!O$）
45	$CH_3CH\!=\!OH$，$CH_2CH_2\!=\!OH$，CH_2OCH_3		
46	NO_2	96	$(CH_3)_5C\equiv N$
47	$CH_2\!=\!SH$	97	C_7H_{13}，（噻吩基—CH_2）
49	CH_2Cl		
50	C_4H_2	99	C_7H_{15}
51	C_4H_3	100	$(C_4H_9COCH_2+H)$，$C_5H_{11}CHNH_2$
54	$CH_2CH_2C\equiv N$	101	$COOC_4H_9$
55	C_4H_7	104	$C_2H_5CHONO_2$
56	C_4H_8	105	（苯基—$C\!=\!O$）（苯基—CH_2CH_2）（苯基—$CHCH_3$）
57	C_4H_9，$C_2H_5C\!=\!O$		
58	$C_2H_5CHNH_2$，$C_2H_5CH_2NH$	107	（苯基—CH_2O）
59	$COOCH_3$、$CH_2\!=\!OC_2H_5$		

140

m/z	碎 片 离 子	m/z	碎 片 离 子
60	$CH_2COOH+H$、CH_2ONO	111	呋喃基 $-C=O$
61	CH_2CH_2SH		
65	C_5H_5	121	C_6H_9O
68	$CH_2CH_2CH_2CN$	123	邻氟苯基 $-C=O$
69	C_5H_9、CF_3、C_3H_5CO		
70	C_5H_{10}	127	I
71	C_5H_{11}、$C_3H_7C=O$	128	HI
72	$C_2H_5COCH_2+H$、$C_3H_7CHNH_2$	149	邻苯二甲酸酐基 $-OH$
73	$COOC_2H_5$、$C_3H_7OCH_2$、C_4H_9O		
74	CH_2COOCH_3+H		

141

附录六 气相色谱法相对校正因子(f)

物质名称	热导	氢焰	物质名称	热导	氢焰
一、正构烷			四、不饱和烃		
甲烷	0.58	1.03	乙烯	0.75	0.98
乙烷	0.75	1.03	丙烯	0.83	
丙烷	0.86	1.02	异丁烯	0.88	
丁烷	0.87	0.91	正丁烯-1	0.88	
戊烷	0.88	0.96	戊烯-1	0.91	
己烷	0.89	0.97	己烯-1		1.01
庚烷	0.89	1.00	乙炔		0.94
辛烷	0.92	1.03	五、芳香烃		
壬烷	0.93	1.02	苯	1.00	0.89
二、异构烷			甲苯	1.02	0.94
异丁烷	0.91		乙苯	1.05	0.97
异戊烷	0.91	0.95	间二甲苯	1.04	0.96
2,2-二甲基丁烷	0.95	0.96	对二甲苯	1.04	1.00
2,3-二甲基丁烷	0.95	0.97	邻二甲苯	1.08	0.93
2-甲基戊烷	0.92	0.95	异丙苯	1.09	1.03
3-甲基戊烷	0.93	0.96	正丙苯	1.05	0.99
2-甲基己烷	0.94	0.98	联苯	1.16	
3-甲基己烷	0.96	0.98	萘	1.19	
三、环烷			四氢萘	1.16	
环戊烷	0.92	0.96	六、醇		
甲基环戊烷	0.93	0.99	甲醇	0.75	4.35
环己烷	0.94	0.99	乙醇	0.82	2.18
甲基环己烷	1.05	0.99	正丙醇	0.92	1.67
1,1-二甲基环己烷	1.02	0.97	异丙醇	0.91	1.89
乙基环己烷	0.99	0.99	正丁醇	1.00	1.52
环庚烷		0.99	异丁醇	0.98	1.47
			仲丁醇	0.97	1.59

物质名称	热导	氢焰	物质名称	热导	氢焰
叔丁醇	0.98	1.35	十、酯		
正戊醇		1.39	乙酸甲酯		5.0
戊醇-2	1.02		乙酸乙酯	1.01	2.64
正己醇	1.11	1.35	乙酸异丙酯	1.08	2.04
正庚醇	1.16		乙酸正丁酯	1.10	
正辛醇		1.17	乙酸异丁酯		1.81
正癸醇		1.19	乙酸异戊酯	1.10	1.85
环己醇	1.14		乙酸正戊酯	1.14	1.61
七、醛			乙酸正庚酯	1.19	
乙醛	0.87		十一、醚		
丁醛		1.61	乙醚	0.86	
庚醛		1.30	异丙醚	1.01	
辛醛		1.28	正丙醚	1.00	
癸醛		1.25	乙基正丁基醚	1.01	
八、酮			正丁醚	1.04	
丙酮	0.87	2.04	正戊醚	1.10	
甲乙酮	0.95	1.64	十二、胺与腈		
二乙基酮	1.00		正丁胺	0.82	
3-己酮	1.04		正戊胺	0.73	
2-己酮	0.98		正己胺	1.25	
甲基己戊酮	1.10		二乙胺		1.64
环戊酮	1.01		乙腈	0.68	
环己酮	1.01		丙腈	0.83	
九、酸			正丁腈	0.84	
乙酸		4.17	苯胺	1.05	1.03
丙酸		2.5	十三、卤素化合物		
丁酸		2.09	二氯甲烷	1.14	
己酸		1.58	氯仿	1.41	
庚酸		1.64	四氯化碳	1.64	
辛酸		1.54	三氯乙烯	1.45	

物质名称	热导	氢焰	物质名称	热导	氢焰
1-氯丁烷	1.10		四氢吡咯	1.00	
氯苯	1.25		喹啉	0.86	
邻氯甲苯	1.27		哌啶	1.06	1.75
氯代环己烷	1.27		十五、其他		
溴乙烷	1.43		水	0.70	无信号
碘甲烷	1.89		硫化氢	1.14	无信号
碘乙烷	1.89		氨	0.54	无信号
十四、杂环化合物			二氧化碳	1.18	无信号
四氢呋喃	1.11		一氧化碳	0.86	无信号
吡咯	1.00		氩	0.22	无信号
吡啶	1.01		氮	0.86	无信号
			氧	1.02	无信号

参考文献

1. 曹渊,陈昌国.2010.现代基础化学实验.重庆:重庆大学出版社
2. 王学东,马丽英.2014.医用化学实验.第二版.济南:山东人民出版社
3. 郭爱民,杜晓燕.2012.卫生化学.北京:人民卫生出版社
4. 康维钧.2012.卫生化学实验.北京:人民卫生出版社
5. 赵怀清等.2011.分析化学实验指导.第三版.北京:人民卫生出版社
6. 杜晓燕主编.2007.卫生化学实验.北京:人民卫生出版社
7. 胡曼玲主编.2003.卫生化学实验指导.北京:人民卫生出版社
8. 张英.2013.仪器分析实验.成都:西南交通大学出版社
9. 池玉梅.2010.分析化学实验.武汉:华中科技大学出版社
10. 钱晓荣,郁桂云.2009.仪器分析实验教程.上海:华东理工大学出版社
11. 陈国松,陈昌云.2009.仪器分析实验.南京:南京大学出版社
12. 白灵,石国荣.2010.仪器分析实验.北京:化学工业出版社
13. 柳仁民,张淑芳,刘雪静等.2013.仪器分析实验.青岛:中国海洋大学出版社,120
14. 柴兰琴,李晓军编著.2010.食品分析与食品安全.成都:西南交通大学出版社
15. 王晓英,顾宗珠,史先振编.2010.食品分析技术.武汉:华中科技大学出版社
16. 王强主编.2003.中药分析实验与指导.北京:中国医药科技出版社
17. 阿有梅,汤宁主编.2006.药学实验与指导(上册).郑州:郑州大学出版社
18. 宋桂兰.2010.仪器分析实验.北京:科学出版社
19. 王淑美.2013.仪器分析实验.北京:中国中医药出版社
20. Wade LG. 2003. Organic Chemistry, fifth edition. Dallas:Pearson Education Inc.
21. 李发美.2012.分析化学.第 7 版.北京:中国中医药出版社
23. 李志富,干宁,颜军.2012.仪器分析实验.武汉:华中科技大学出版社
24. 陆志科,谢碧霞.2003.大孔树脂对竹叶黄酮的吸附分离特性研究.经济林研究,(3)21:1~4
25. 许刚,张虹,胡剑.2002.竹叶中黄酮提取方法的研究.分析化学,(7)28:857~859
26. 喻樊.2008.槐米中总黄酮的含量测定.海峡药学,(7)20:71~73
27. 周荣琪.2005.竹叶提取物总黄酮含量测定方法的改进.食品科技,(7):76~80
28. 李婕,黄海伟,张红等.2014.UPLC－MS/MS 法研究国产辛伐他汀及片剂的杂质谱.药学学报,(5)49:672~678
29. 肖寒霜,朱仲良,王晓岗等.2014.液相色谱-质谱联用技术在本科实验教学中的探索和实践.实验室科学,(2)17:67~69
30. 武汉大学化学与分子科学学院实验中心编.2005.仪器分析实验.武汉:武汉大学出版社

图书在版编目(CIP)数据

仪器分析实验/王学东,吴红主编.—济南:山东人民出版社,2015.8(2022.1重印)

ISBN 978-7-209-09164-0

Ⅰ.①仪... Ⅱ.①王...②吴... Ⅲ.①仪器分析–实验–医学院校–教材 Ⅳ.①O657-33

中国版本图书馆 CIP 数据核字(2015)第 203700 号

仪器分析实验

王学东 吴 红 主编

主管部门	山东出版传媒股份有限公司
出版发行	山东人民出版社
社　　址	济南市市中区舜耕路517号
邮　　编	250003
电　　话	总编室(0531)82098914
	市场部(0531)82098027
网　　址	http://www.sd-book.com.cn
印　　装	日照报业印刷有限公司
经　　销	新华书店
规　　格	16 开　(184mm×260mm)
印　　张	9.5
字　　数	200 千字
版　　次	2015 年 8 月第 1 版
印　　次	2022 年 1 月第 3 次

ISBN 978-7-209-09164-0

定　　价　22.00 元